Word/Excel/PPT

2019

商务办公完全自学手册

桦意智创 ◎主编

清华大学出版社
北京

内 容 简 介

本书是针对初学者学习 Word/Excel/PPT 2019 的入门指导与就业特训类工具书，书中对使用 Word/Excel/PPT 过程中所需掌握的基础知识，以及高效办公的应用方法和技巧进行了详细的讲解。作为可随时翻阅的 Office（Word、Excel 和 PPT）速查宝典，本书专家级的点拨和自学扩展小技巧将引导初学者快速掌握一些办公技巧以提高办公效率。本书一共分三部分：第一部分是 Word 高效办公应用，具体内容包括：文档的基本操作，玩转 Word 中的表格，Word 图文搭配，玩转 Word 页面，玩转 Word 审阅及其他，共 5 章；第二部分是 Excel 高效办公应用，包括：Excel 基本操作，数据输入与编辑基础，Excel 公式函数应用，Excel 数据排序、筛选与汇总，Excel 图表与数据透视表应用，Excel 高级应用，共 6 章；第三部分是 PPT 高效办公应用，包括：PPT 幻灯片应用基础，带你玩转 PPT 幻灯片，PPT 高效输出，PPT 综合案例讲解之商业策划书 PPT 设计。

本书内容实用，贴近办公实际应用，适合软件初学者学习使用，同时也可作为各行业对于这三个软件使用的工具书，对已经接触过该软件的办公人员也有较高的参考价值。

图书在版编目（CIP）数据

Word/Excel/PPT 2019 商务办公完全自学手册 / 桦意智创主编 . —北京：清华大学出版社，2020.11
ISBN 978-7-302-54722-8

Ⅰ. ① W… Ⅱ. ①桦… Ⅲ. ①办公自动化—应用软件 Ⅳ. ① TP317.1

中国版本图书馆 CIP 数据核字（2019）第 298272 号

责任编辑：贾小红
封面设计：闰江文化
版式设计：楠竹文化
责任校对：马军令
责任印制：丛怀宇

出版发行：清华大学出版社
网　　址：http://www.tup.com.cn，http://www.wqbook.com
地　　址：北京清华大学学研大厦 A 座　　　　邮　　编：100084
社 总 机：010-62770175　　　　　　　　　　邮　　购：010-62786544
投稿与读者服务：010-62776969，c-service@tup.tsinghua.edu.cn
质量反馈：010-62772015，zhiliang@tup.tsinghua.edu.cn
印 装 者：三河市龙大印装有限公司
经　　销：全国新华书店
开　　本：203mm×260mm　　印　　张：15.75　　字　　数：596 千字
版　　次：2020 年 11 月第 1 版　　　　　　印　　次：2020 年 11 月第 1 次印刷
定　　价：69.80 元

产品编号：084480-01

前◉言

职场生活中离不开办公软件的应用。目前，Word、Excel 和 PPT 是比较热门的 Office 办公软件，使用它们，可以进行各种文档的创建与管理，对各类数据进行处理和分析，创建演示文稿，以及内部训导和商业展示等。Word、Excel 和 PPT 被称为"办公三剑客"，被广泛应用于行政、人事、财务、业务和产品等众多部门或领域。

针对初涉职场的人士或在职场中需要进修的白领，我们组织了在办公软件应用方面具有一定造诣的资深职场人士精心编写了本书，以帮助他们快速适应高效商务办公的要求。

本书特色如下。

- 内容丰富，结构清晰：全书对 Word、Excel 和 PPT 的实用知识娓娓道来，内容结构精心编排，理论与职场实践相结合，力求读者能轻松上手，在工作中学以致用。
- 实例指导，易于上手：适当模拟真实的办公环境，将工作中的常见问题及其解决方法和技巧融入相应的实例中去介绍。
- 专家点拨，自学扩展：专门开辟了"专家点拨"与"自学扩展小技巧"栏目，帮助读者掌握职场办公过程中的各类常见办公操作技巧和"黑科技"类的操作知识。
- 精美排版，超大容量：采用双栏混合的排版格式，图文并茂，版面精美，信息量大。
- 配套资料，视频指点：提供超值的配套资料用于网盘下载，观看视频讲解有助于更好地学习本书内容，还提供了大量 PDF 格式的 Excel 自学小技巧等。

本书由深圳桦意智创科技有限公司策划编写。由于时间仓促，书中难免有疏漏和不妥之处，恳请广大读者不吝批评指正。

勤能补拙，精益求精。以此与读者共勉。

桦意智创

目●录

第一部分　Word 高效办公应用

第1章　文档的基本操作

第2章　玩转Word中的表格

第3章   Word图文搭配

第4章   玩转Word页面

第5章 玩转Word审阅及其他

第二部分 Excel 高效办公应用

第6章 Excel基本操作

第7章 数据输入与编辑基础

目 录

第8章　Excel公式、函数应用

第9章　Excel数据的排序、筛选与汇总

第三部分　PPT 高效办公应用

第12章　PPT幻灯片应用基础

第13章　带你玩转PPT幻灯片

第14章　PPT的高效输出

第15章　PPT综合案例讲解——商业策划书PPT设计

第一部分

Word 高效办公应用

第 1 章

文档的基本操作

◎ **本章导读：**

本章介绍 Microsoft Word 关于文档方面的基本操作，主要内容包括新建文档、文档内容输入、文本操作、使用文档视图、保护文档的相关设置、保存文档、专家点拨以及一些 Word 基本操作扩展技巧。

新建文档主要有两种方式：一种是新建空白文档；另一种是新建基于联机模板的范本文件。

1.1.1　新建空白文档

首先，启动 Microsoft Word 2019。在计算机窗口左下角处单击"开始"按钮⊞，接着在软件列表中选择"Microsoft Word 2019"，即可启动 Microsoft Word 2019，此时 Word 初始界面如图 1-1 所示。

图 1-1　Word 初始界面

在启动了 Microsoft Word 2019 后，可以有以下三种途径创建空白的文档。

1）在功能区单击"文件"选项卡，选择"新建"选项，如图 1-2 所示，接着在右侧的选项区域中选择"空白文档"来创建一个新的空白文档。

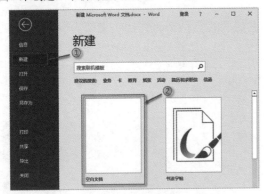

图 1-2　新建文件界面

1.1.2　新建联机范本文件

在 Microsoft Word 2019 中，微软提供各式各样的联机模板，用户可以基于这些联机模板来新建文件。

在功能区的"文件"选项卡中选择"新建"选项，接着在搜索栏中输入关键词进行搜索，如图 1-4 所示。

2）在"快速访问"工具栏中单击"自定义快速访问工具栏"按钮 ，在其下拉列表中选中"新建"选项，则"新建"按钮 便显示在"快速访问"工具栏中，如图 1-3 所示。以后便可以在"快速访问"工具栏中单击"新建"按钮 以创建新的空白文档。

图 1-3　自定义快速访问工具栏

3）按 Ctrl+N 快捷键快速创建一个新的空白文档。

读书笔记

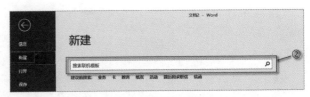

图 1-4　联机模板搜索

Word/Excel/PPT 2019 商务办公完全自学手册

选择适合的模板后单击"创建"按钮，即可创建基于该模板的文件，如图 1-5 所示。

图 1-5　创建模板

1.2 ▶ 文档内容的输入

本节主要介绍如何在文档中进行文字、日期与时间的输入。

1.2.1　文字的输入

新建一个空白文档后，便可以直接在该文档中输入文字了。在该文档中单击文本编辑区，在光标处输入所需的文字内容（包含中文、英文、数字等），如在第一行开头光标处输入"会议通知"，如图 1-6 所示。如需换行，按 Enter 键即可。

图 1-6　输入文字

1.2.2　日期与时间的输入

在编写文档的过程中，日期与时间也是常用的输入内容，在 Word 中，可以使用自带的插入日期或时间的功能快速输入。

在功能区"插入"选项卡的"文本"面板中单击"日期和时间"按钮，弹出"日期和时间"对话框，接着在"可用格式"选项区域（列表框）中选择所需要的格式，然

后单击"确定"按钮，即可按照选定格式插入当前的日期和时间，如图 1-7 所示。

图 1-7 插入日期和时间

读书笔记

1.3 文本的操作

文本的操作主要包括文本的选择，文本的复制、剪切与粘贴，文本的查找和替换，文本的删除等。

1.3.1 文本的选择

文本的选择方法有很多种，其中最为常用的是通过鼠标拖曳的方式和键盘快捷方式。

1）将光标移动到所要选择的字符前端，接着按住鼠标左键并将光标拖曳至所要选择的字符末端，此时释放鼠标左键即可完成文本的选择操作，如图 1-8 所示，图中带有灰色背景的部分即为被选中的文字内容。

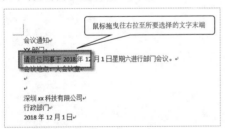

图 1-8 以鼠标拖曳的方式选择文字

2）如果要快速选择某个词组，将光标移动到该词组的位置，双击即可选择该词组，如图 1-9 所示。

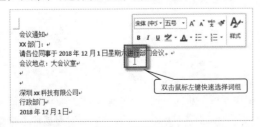

图 1-9 选择词组

3）如果要快速选择某一段落，将光标移动到该段落的任意位置，快速单击鼠标左键三次即可选择该段落内容，如图 1-10 所示。

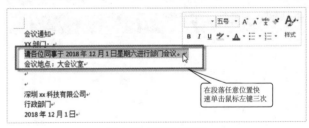

图 1-10 快速选择段落

4）如果要选择长文本或者大段落的内容，将鼠标光标定位在文本的前端，接着按住 Shift 键，再将鼠标光标移动到文本的末端并单击，释放 Shift 键，完成文本选择，如图 1-11 所示。

图 1-11 快速选择大段落内容

5）如果需要框选文本内容，可以先按住 Alt 键，接着按住鼠标左键拖曳进行框选，如图 1-12 所示。

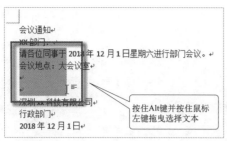

图 1-12　框选内容

6）如果要选择不连续文本内容，可以先按住鼠标左键拖曳以选择第一段文本内容，接着在按住 Ctrl 键的同时按住鼠标左键进行拖曳来选择下一段的指定文本内容，如图 1-13 所示。

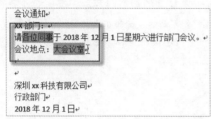

图 1-13　选择不连续文本

7）通过左侧选中栏来选择所需文本，如图 1-14 所示，具体的操作细则如表 1-1 所示。

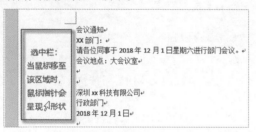

图 1-14　左侧选中栏

表 1-1　利用左侧选中栏选择文本的操作细则

序号	操　　作	功　　能
1	在左侧选中栏中单击鼠标左键	快速选择该行文字内容
2	在左侧选中栏中双击鼠标左键	快速选择该段落文字内容
3	在左侧选中栏中三击鼠标左键	快速选择整篇文章内容

8）使用键盘快捷方式选择文本内容的操作方法如

1.3.2　文本的复制、剪切与粘贴

在 Office 软件中，剪贴板可以说是一块很实用的临时存储区，系统会将复制或剪切的文本内容临时存放在剪贴板上以便随时可以粘贴使用。有关复制、剪切与粘贴等的

表 1-2 所示。

表 1-2　快速选择文本内容的键盘快捷方式

序号	键盘快捷方式	快捷键功能
1	Ctrl+A	快速全选整个文档文本
2	Shift+ ↑	快速选择上一行内容
3	Shift+ ↓	快速选择下一行内容
4	Shift+ ←	向左选择一行内容
5	Shift+ →	向右选择一行内容
6	Ctrl+Shift+ ←	快速选择光标处左侧的词语
7	Ctrl+Shift+ →	快速选择光标处右侧的词语
8	Ctrl+Shift+Home	快速选择文件开始至光标处的所有内容
9	Ctrl+Shift+End	快速选择光标处至文件结尾的所有内容
10	Alt+Ctrl+Shift+ Page Up	快速选择本页开始至光标处的所有内容
11	Alt+Ctrl+Shift+ Page Down	快速选择光标处至本页结尾的所有内容

知识点拨

在功能区"开始"选项卡的"编辑"面板的"选择"下拉列表中提供了"全选""选择对象""选定所有格式类似的文本（无数据）""选择窗格"这几个工具命令。其中，"全选"命令用于选择文档中的所有文本和对象，其快捷键为 Ctrl+A；"选择对象"命令用于选择包括墨迹、形状和文本区域在内的对象，这在处理衬于文字下方的对象时特别有用；"选择窗格"命令用于打开"选择和可见性"选项板，查看所有对象的列表，以便更加轻松地选择对象、更改其顺序或更改其可见性。

读书笔记

工具命令位于功能区"开始"选项卡的"剪贴板"面板上，如图 1-15 所示。

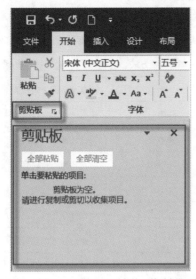

图 1-15　功能区"开始"选项卡的"剪贴板"面板

1. 复制

复制是将文档中的某一部分内容"抄写"到指定的位置上，原内容依旧保留。复制操作主要有以下几种方式。

1）选中要复制的文本内容，接着在功能区"开始"选项卡中单击"复制"按钮 ，如图 1-16 所示。

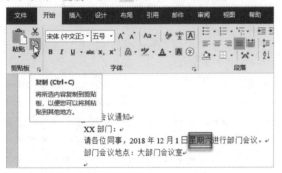

图 1-16　使用"剪贴板"面板复制文本

2）选中要复制的文本内容，右击并从弹出的快捷菜单中选择"复制"命令，如图 1-17 所示。

图 1-17　使用右键快捷菜单复制文本

3）选中要复制的文本内容，在按住 Ctrl 键的同时按住鼠标左键拖曳文本，拖曳时鼠标指针会呈现 的形状，将光标移动至指定位置处释放鼠标左键即可完成复制，如图 1-18 所示。

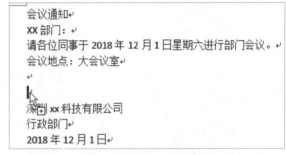

图 1-18　使用拖曳方式快速复制

4）选中要复制的文本内容，按快捷键 Ctrl+C 进行快速复制。

5）选中要复制的文本内容，按快捷键 Shift+F2 后，在状态栏会显示"复制到何处？"字样，如图 1-19 所示，然后将光标移动至指定位置后按 Enter 键即可完成复制。

图 1-19　使用组合快捷键快速复制

2. 剪切

剪切是指将选中的文本内容"提取"到剪贴板上，之后可以使用"粘贴"命令将其粘贴到文档指定位置上，而原位置的文本内容会自动删除。剪切操作主要有以下几种方式。

1）选中要剪切的文本内容，在功能区"开始"选项卡中单击"剪切"按钮 完成剪切，如图 1-20 所示。

图 1-20　使用"剪贴板"面板剪切文本

2）选中要剪切的文本内容，右击在弹出的快捷菜单中选择"剪切"命令，如图1-21所示。

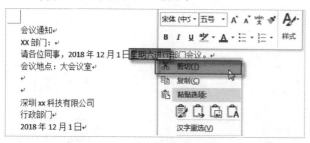

图1-21　使用快捷菜单剪切文本

3）选中要剪切的文本内容，按快捷键Ctrl+X快速剪切。

3. 粘贴

粘贴是将复制/剪切的文本内容移动到指定位置上。粘贴操作主要有以下几种方式。

1）在复制/剪切选中文本内容后，将鼠标光标定位在指定位置，在功能区"开始"选项卡中单击"粘贴"按钮📋完成粘贴，也可在"剪贴板"面板中单击"粘贴"按钮📋下方的下拉箭头按钮▼，接着从出现的下拉列表中选择"粘贴选项"选项中的一个粘贴按钮，如图1-22所示。如果需要可以进行选择性粘贴操作。

1.3.3　文本的查找和替换

在文档编辑时，有时需要查找某些字词来进行修改，或者替换某些字词。Word 2019提供了较为强大的查找和替换功能。

1. 查找

在功能区"开始"选项卡的"编辑"面板中单击"查找"按钮🔍，在窗口左侧弹出的导航框中输入关键词信息后，在"结果"面板中就会显示包含关键词的内容，同时在文档内容中也会将关键词标注黄色底纹，如图1-24所示。

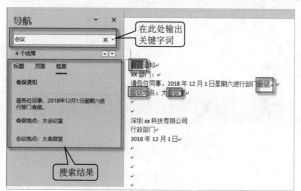

在此处输出关键字词

搜索结果

图1-24　查找功能

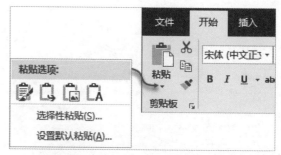

图1-22　使用"剪贴板"面板

2）在复制/剪切选中的文本内容后，在所要粘贴的位置右击，在弹出的快捷菜单的"粘贴选项"选项组中选择所需的粘贴选项，如图1-23所示。

图1-23　使用快捷菜单中的粘贴选项

3）在复制/剪切选中文本内容后，将光标移动至指定位置，按快捷键Ctrl+V完成快速粘贴。

📖 知识点拨

在功能区"开始"选项卡"编辑"面板中的"查找"列表中一共提供了3个实用工具命令，一个是"查找"，另两个分别是"高级查找"和"转到"。其中，"高级查找"命令用于在文档中查找文本或其他内容，其对应的快捷键为Ctrl+F，执行此命令会弹出"查找和替换"对话框；"转到"命令用于跳转到特定的页面、行、脚注、批注或文档中的其他位置，其对应的快捷键为Ctrl+G。

2. 替换

要替换文本，需在功能区"开始"选项卡的"编辑"面板中单击"替换"按钮🔁，弹出"查找和替换"对话框，接着在"替换"选项卡的"查找内容"文本框中输入关键词，在"替换为"文本框中输入所要替换为的文本内容，然后单击"替换"按钮即可完成第一顺位文本内容的替换，而单击"全部替换"按钮则完成文档所有该文本内容的替换，如图1-25所示。

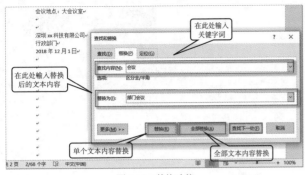

图 1-25 替换功能

查找和替换的快捷键如表 1-3 所示。

表 1-3 查找和替换的快捷键

序 号	快捷键	快捷键功能
1	Ctrl+F	查找
2	Ctrl+H	替换

读书笔记

1.3.4 文本的删除

文本的删除很简单，可先选择要删除的文本，接着按 Delete 键即可快速将其删除。另外，用户可以巧用表 1-4 所示的快捷键来删除文本对象。

表 1-4 文本删除快捷键

序 号	快 捷 键	快捷键功能
1	Backspace	删除光标向左的一个字符
2	Delete	删除光标向右的一个字符

续表

序 号	快 捷 键	快捷键功能
3	Ctrl+Backspace	删除光标向左的一个词组
4	Ctrl+Delete	删除光标向右的一个词组
5	Ctrl+Z	撤销输入
6	Ctrl+Y	重复输入

1.4 使用文档视图

在本节中主要介绍页面视图、Web 版式视图、大纲视图、草稿视图和自定义视图比例这几个知识点。

1.4.1 页面视图

页面视图可以显示文件所有内容在整个页面中的布置，并可对文本内容进行操作编辑，页面视图所看到的内容就是文本文档实际打印出来的效果。页面视图可以设置页眉页脚、文本框、图文框、段落及页边距等元素。

在功能区"视图"选项卡的"视图"面板中单击"页面视图"按钮▤，即可切换到页面视图模式，如图 1-26 所示。

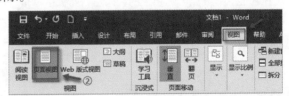

图 1-26 页面视图

1.4.2 Web 版式视图

Web 版式视图是将文档内容以 Web 浏览器中网页的形式来展示，文档将展示为没有分页符的长页形式。

在功能区"视图"选项卡中单击"Web 版式视图"按钮▤，即可切换到 Web 版式视图模式，如图 1-27 所示。

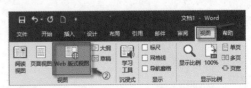

图 1-27 Web 版式视图

1.4.3 大纲视图

大纲视图是以文档标题的形式来展示标题在文件结构中的级别大小，通过大纲视图可以快速地了解文档的结构组成及内容概要。

在功能区"视图"选项卡中单击"大纲"按钮，即可切换到大纲视图模式，如图1-28所示。

图1-28　大纲视图

1.4.4 草稿视图

草稿视图是将页眉页脚、页面边距、图片及分栏等元素取消之后的视图，仅剩下标题和正文的视图，以此来节省计算机硬件资源的一种视图模式。

在功能区"视图"选项卡中单击"草稿"按钮，即可切换到草稿视图模式，如图1-29所示。

图1-29　草稿视图

1.4.5 自定义视图比例

自定义调整视图比例可以通过拉动右下方状态栏的滑块进行调整，也可以按住Ctrl键然后滚动鼠标滚轮进行调整，如图1-30所示。

图1-30　自定义视图比例

1.5 保护文档的相关设置

本节介绍保护文档的相关知识，包括只读模式、加密模式、强制保护模式和最终状态标记。

1.5.1 只读模式

只读模式是为了防止源文档被修改，将文档设置为只能浏览阅读而不能被修改编辑的模式。只读模式会在文件标题处显示"只读"字样，并且一旦经过修改编辑，只能另存为一个新的文档。

下面有两种方式可以将文件设置为只读模式。

1）在功能区"文件"选项卡中选择"信息"选项，单击"保护文档"按钮，在下拉列表中选择"始终以只读方式打开"选项即可将文件设置为只读模式，如图1-31所示。

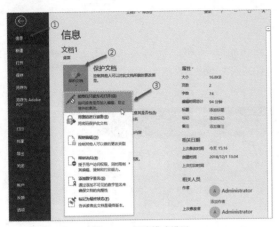

图 1-31 只读模式设置

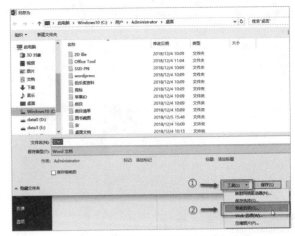

图 1-33 在"另存为"对话框中设置常规选项

2）在功能区"文件"选项卡中选择"另存为"选项，单击"浏览"按钮，如图 1-32 所示。接着在弹出的"另存为"对话框中单击"工具"按钮，并在其下拉列表中选择"常规选项"选项，如图 1-33 所示，弹出"常规选项"对话框，从中选中"建议以只读方式打开文档"复选框，如图 1-34 所示。

图 1-34 设置只读方式

图 1-32 "另存为"选项

1.5.2 加密模式

在日常办公过程中，为了文件信息的安全，可以对文档进行加密设置。

在功能区"文件"选项卡中选择"信息"选项，单击"保护文档"按钮，在弹出的下拉列表中选择"用密码进行加密"选项，如图 1-35 所示，然后在弹出的"加密文档"对话框中输入密码，如图 1-36 所示，单击"确定"按钮，弹出"确认密码"对话框，如图 1-37 所示，重新输入一次密码后单击"确定"按钮即可完成文档加密。

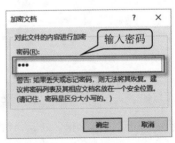

图 1-36 输入密码

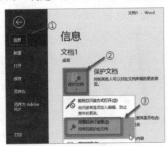

图 1-35 用密码进行加密

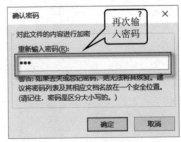

图 1-37 确认密码

读书笔记

1.5.3　强制保护模式

　　强制保护模式是设置文件的编辑权限以保护文档内容不被修改的一种模式。设置强制保护模式的步骤如下。

　　1）在功能区的"文件"选项卡中选择"信息"选项，单击"保护文档"按钮🔒，在弹出的下拉列表中选择"限制编辑"选项，如图 1-38 所示。

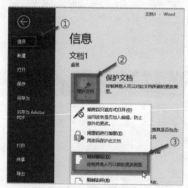

图 1-38　限制编辑

　　2）在弹出的"限制编辑"对话框中，在"编辑限制"选项组中选中"仅允许在文档中进行此类型的编辑"复选框，然后单击其相应的下拉菜单按钮后选择"不允许任何更改（只读）"选项，然后在"启动强制保护"选项组中单击"是，启动强制保护"按钮，如图 1-39 所示。

　　3）系统弹出"启动强制保护"对话框，在密码栏输入和确认新密码，如图 1-40 所示，然后单击"确定"按钮即可。

图 1-39　限制编辑

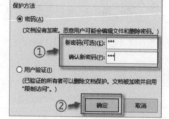

图 1-40　输入密码

1.5.4　最终状态标记

　　标记为最终状态可以告诉读者该文档是最终版本，不需要进行任何编辑以防止文本内容被更改而影响信息的准确性。

　　在功能区"文件"选项卡中选择"信息"选项，接着单击"保护文档"按钮🔒，在弹出的下拉列表中选择"标记为最终状态"选项，如图 1-41 所示。

读书笔记

图 1-41　标记为最终状态

在随后弹出的对话框中单击"确定"按钮即可完成设置，如图 1-42 和图 1-43 所示。

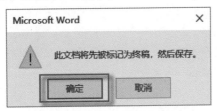

图 1-42　确定标记

图 1-43　系统提醒

如果想要退出最终状态模式，在主窗口上方淡黄色状态栏中单击"仍然编辑"按钮即可退出最终状态模式，如图 1-44 所示。

图 1-44　退出最终状态

1.6 ▶ 保存文档

保存文档很重要，有"保存""另存为""设置自动保存"这三种方式。

1.6.1　保存

在编辑文档的过程中，为了防止突然断电或死机等意外因素导致不必要的损失，及时保存文档是很必要的操作。

在功能区的"文件"选项卡中选择"保存"选项即可完成保存，如果是新的文件进行保存，则系统会跳转到"另存为"保存方式，关于"另存为"方式的使用方法会在

1.6.2 节进行介绍。

快速保存还有另外两种方法。

1）单击"快速访问工具栏"中的"保存"按钮 ⊟。

2）按快捷键 Ctrl+S 即可完成快速保存。

1.6.2　另存为

"另存为"是文档经过编辑更改后保存为新的同类型或者不同类型的文档，修改编辑前的文档还作保留。

在功能区的"文件"选项卡中选择"另存为"选项，如图 1-45 所示，接着单击"浏览"按钮 ，系统弹出"另存为"对话框，在该对话框中选择文件保存的位置，并在"文件名"文本框中输入新文件名并选择保存类型，然后单击"保存"按钮，即可完成"另存为"操作，如图 1-46所示。

图 1-45　"另存为"选项

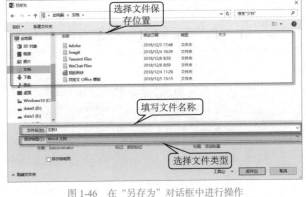

图 1-46　在"另存为"对话框中进行操作

读书笔记

1.6.3 设置自动保存

使用 Microsoft Word 的自动保存功能可以最大程度上减少因为意外关闭而造成的损失。在功能区的"文件"选项卡中选择"选项"选项，接着在弹出的"Word 选项"对话框左侧选择"保存"选项，再在"保存文档"选项组中选择文档保存格式，选中"保存自动恢复信息时间间隔"复选框并设置自动保存的分钟数，然后单击"确定"按钮即可完成自动保存设置，操作示意如图 1-47 所示。

图 1-47 设置自动保存

1.7 专家点拨

1.7.1 设置字体格式

Microsoft Word 提供了多种字体格式供用户选择，合理使用字体格式可以使文档看上去更加丰富多彩，字体格式的要素主要包括：字体、字号、加粗、倾斜和字体效果等。

首先选择所要编辑的文本内容，接着在功能区"开始"选项卡中单击字体框右侧的下拉按钮，然后在下拉列表中选择合适的字体，如图 1-48 所示。

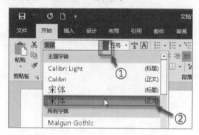

图 1-48 字体设置

设置好字体后，单击字号一栏的下拉按钮，然后在下拉列表中选择合适的字号，如图 1-49 所示。

如果需要对字体进行加粗或倾斜设置，可以直接在功能区"开始"选项卡的"字体"面板中单击"加粗"按钮**B**或"倾斜"按钮*I*即可，如图 1-50 所示。如果需要取消加粗或倾斜设置，那么再次单击该按钮即可。

图 1-49 字号大小设置

图 1-50 加粗或倾斜设置

除了上述方法之外，还可以打开"字体"对话框对字体格式进行设置，打开方式如图 1-51 所示。

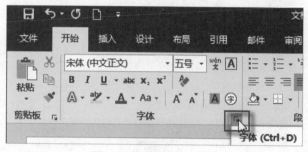

图 1-51 打开"字体"对话框

在弹出的"字体"对话框中，可以一次性设置字体的各种格式，如图 1-52 所示。

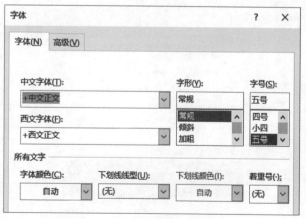

图 1-52 "字体"对话框

注 意

设置"中文字体"和"西文字体"，可以设置段落中的中西文字体分别单独使用的字体格式。

在"字体"对话框中切换至"高级"选项卡，在"字符间距"选项组中可以调整字符间距的缩放、间距大小等参数，如图 1-53 所示。

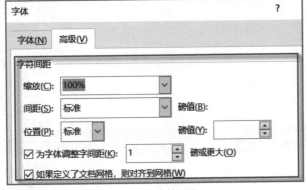

图 1-53　字符间距

"缩放"可以按百分比缩小或者放大字符间距，"间距"可以配合磅值调整左右间距的大小，"位置"可以配合磅值调整上下间距的大小。

读书笔记

1.7.2　设置段落格式以美化页面

要使页面内容看起来更加整洁好看，除了设置好字体格式后，还要对段落格式进行规范设置。段落设置主要包括对齐方式、缩进和间距调整等。

首先选中要调整的段落文字，接着在功能区"开始"选项卡的"段落"面板中单击"左对齐"按钮，即可将段落文字统一设置成左对齐格式，如图 1-54 所示。

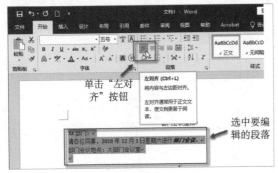

图 1-54　对齐方式设置

如果要快捷设置段落缩进，可以在"段落"面板中单击"减少缩进量"按钮 / "增加缩进量"按钮进行调整，如图 1-55 所示。

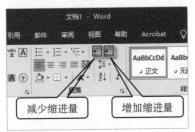

图 1-55　减少 / 增加缩进量

下面分别是缩进前与缩进后的效果对比，如图 1-56 和

图 1-57 所示。

图 1-56　缩进前

图 1-57　缩进后

如果要对段落格式进行更多的设置，可以在"开始"选项卡的"段落"面板中单击"段落设置"按钮，如图 1-58 所示。系统弹出"段落"对话框，单击"缩进和间距"选项卡，可以对段落的对齐方式、大纲级别、间距和缩进进行设置。

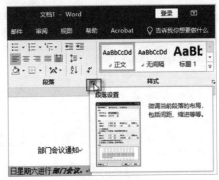

图 1-58　单击"段落设置"按钮

在“缩进和间距”选项卡的“缩进”选项组中，从“特殊格式”下拉列表框中可以选择缩进的3种格式（“无”“首行缩进”“悬挂缩进”），这里以选择“首行缩进”为例，默认缩进值为“2字符”，调整好所需要的缩进字符数或缩进值参数后，可以在“预览”窗口看到调整后的预览图，然后单击“确定”按钮即可完成调整，如图1-59～图1-61所示。

图1-59　设置首行缩进

下面结合工业设计行业的特点和从业经验来总结出一些设计心得，以此帮助一些困惑中的设计师掌握一些必要的设计方法及处理技巧。↵
1、积极和客户进行沟通交流，充分把握客户的设计需求↵
在产品设计中，积极和客户沟通交流，了解客户的设计需求是极其重要的，因为这将直接关系到设计师设计出来的产品是不是客户所需要的。如果设计师对客户的设计需求方向产生了偏移，那么就算设计师再努力，其设计结果显然就是南辕北辙的结局。对每一个设计项目，设计师都应该积极和客户进行沟通交流，深入了解产品的方方面面，了解客户深层次的设计需求，把握产品要解决的痛点，并从专业的角度提出自己合理且有创意的观点和建议。切记一定要与客户共同协商明确具体设计需求，并用自己的创意尽可能完美地表达出客户的想法。↵

图1-60　首行缩进调整前

下面结合工业设计行业的特点和从业经验来总结出一些设计心得，以此帮助一些困惑中的设计师掌握一些必要的设计方法及处理技巧。↵
1、积极和客户进行沟通交流，充分把握客户的设计需求↵
在产品设计中，积极和客户沟通交流，了解客户的设计需求是极其重要的，因为这将直接关系到设计师设计出来的产品是不是客户所需要的。如果设计师对客户的设计需求方向产生了偏移，那么就算设计师再努力，其设计结果显然就是南辕北辙的结局。对每一个设计项目，设计师都应该积极和客户进行沟通交流，深入了解产品的方方面面，了解客户深层次的设计需求，把握产品要解决的痛点，并从专业的角度提出自己合理且有创意的观点和建议。切记一定要与客户共同协商明确具体设计需求，并用自己的创意尽可能完美地表达出客户的想法。↵

图1-61　首行缩进调整后

如果要设置段落间距，则在“缩进和间距”选项卡的“间距”选项组中调整“段前”与“段后”的行数值，从“行距”下拉列表框中选择行距的一种样式，然后单击“确定”按钮便可完成对段距的设置，如图1-62～图1-64所示。

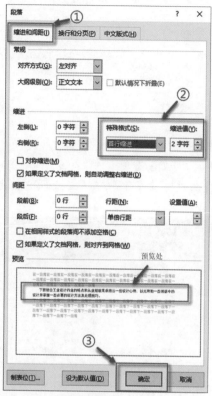

图1-62　设置段落间距

下面结合工业设计行业的特点和从业经验来总结出一些设计心得，以此帮助一些困惑中的设计师掌握一些必要的设计方法及处理技巧。↵
1、积极和客户进行沟通交流，充分把握客户的设计需求↵
在产品设计中，积极和客户沟通交流，了解客户的设计需求是极其重要的，因为这将直接关系到设计师设计出来的产品是不是客户所需要的。如果设计师对客户的设计需求方向产生了偏移，那么就算设计师再努力，其设计结果显然就是南辕北辙的结局。对每一个设计项目，设计师都应该积极和客户进行沟通交流，深入了解产品的方方面面，了解客户深层次的设计需求，把握产品要解决的痛点，并从专业的角度提出自己合理且有创意的观点和建议。切记一定要与客户共同协商明确具体设计需求，并用自己的创意尽可能完美地表达出客户的想法。↵

图1-63　段落间距调整前

下面结合工业设计行业的特点和从业经验来总结出一些设计心得，以此帮助一些困惑中的设计师掌握一些必要的设计方法及处理技巧。↵

1、积极和客户进行沟通交流，充分把握客户的设计需求↵

在产品设计中，积极和客户沟通交流，了解客户的设计需求是极其重要的，因为这将直接关系到设计师设计出来的产品是不是客户所需要的。如果设计师对客户的设计需求方向产生了偏移，那么就算设计师再努力，其设计结果显然就是南辕北辙的结局。对每一个设计项目，设计师都应该积极和客户进行沟通交流，深入了解产品的方方面面，了解客户深层次的设计需求，把握产品要解决的痛点，并从专业的角度提出自己合理且有创意的观点和建议。切记一定要与客户共同协商明确具体设计需求，并用自己的创意尽可能完美地表达出客户的想法。↵

图1-64　段落间距调整后

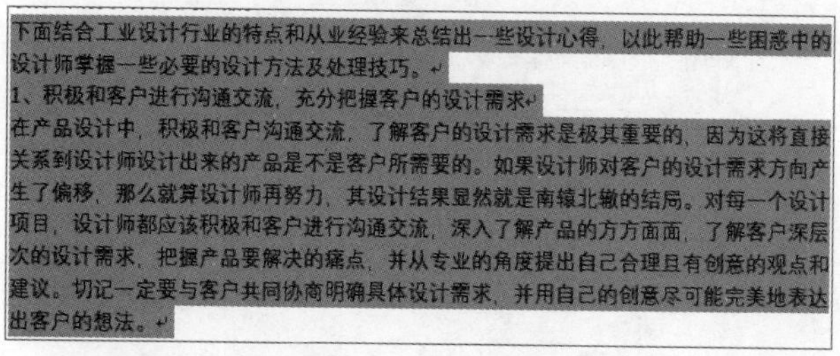

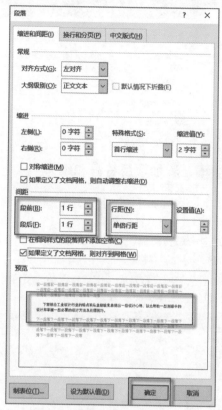

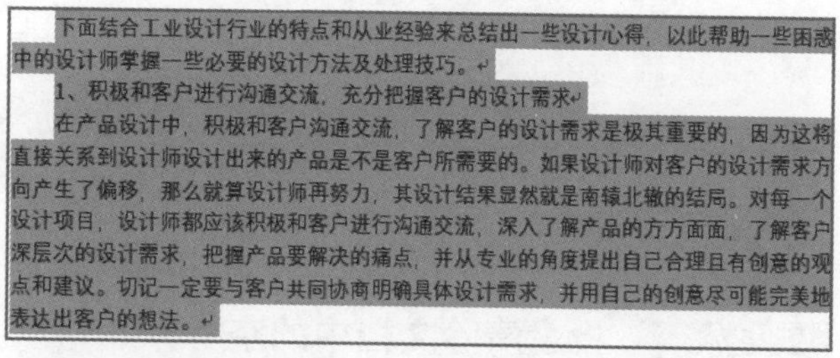

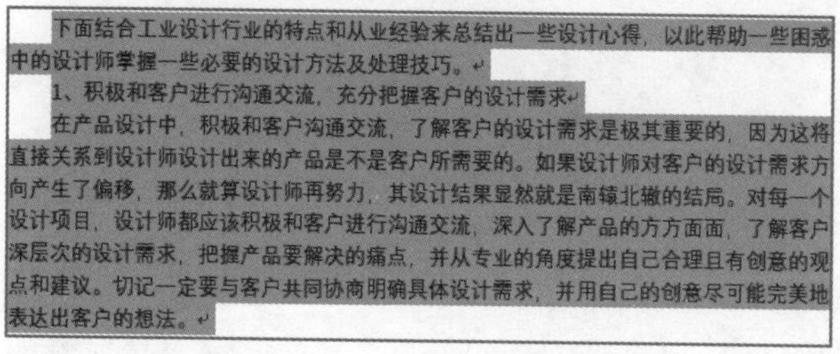

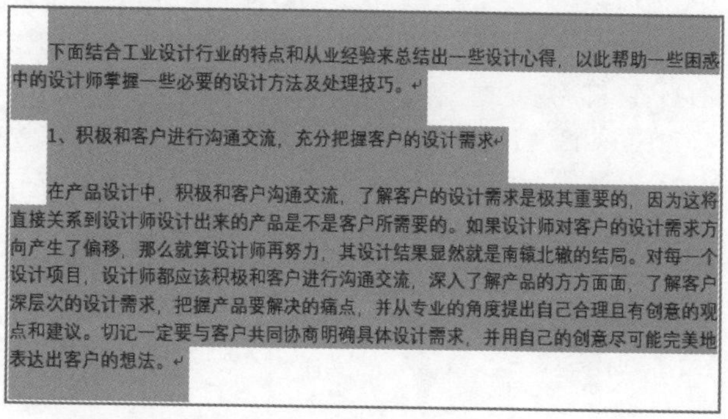

除了可以在"段落"对话框中设置之外，还可以在功能区"开始"选项卡的"段落"面板中单击"行和段落间距"按钮 $\vcenter{\hbox{≣}}$，在其下拉列表中进行快速设置，如图1-65所示。

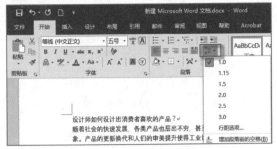

图1-65　快速设置行和段落间距

1.7.3　添加项目符号和编号

为了文本内容的结构层次更加分明，往往需要给文本添加项目符号或编号来进行排序。

首先选中需要添加项目符号的文本内容，在功能区"开始"选项卡的"段落"面板中单击"项目符号"按钮 $\vcenter{\hbox{≣}}$，接着从"项目符号库"中选择合适的项目符号样式即可完成设置，如图1-66所示。

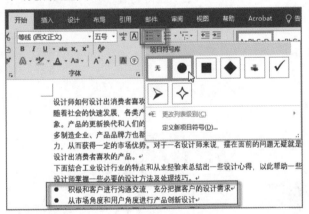

图1-66　设置项目符号

1.7.4　批量清除文档中的空行

有时候文档会出现一些重复的空行，手动删除会浪费太多的时间，通过 Microsoft Word 的"查找和替换"功能可以快速删除重复的空行。

在功能区"开始"选项卡的"编辑"面板中单击"替换"按钮 $\vcenter{\hbox{ab/ac}}$，弹出"查找和替换"对话框并自动切换至"替换"选项卡，接着单击"更多"按钮（单击此按钮后，在按钮位置处显示"更少"按钮），再单击"特殊格式"按钮，在打开的下拉列表中选择"段落标记"选项，如图1-68所示。

如果不想用项目符号来区分每一层级的内容，也可以在功能区"开始"选项卡的"段落"面板中单击"编号"按钮 $\vcenter{\hbox{≣}}$，接着选择合适的编号样式即可完成设置，如图1-67所示。

图1-67　设置编号

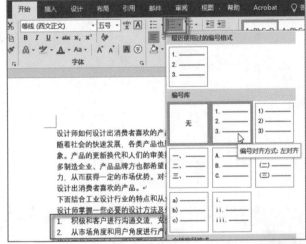

图1-68　段落标记

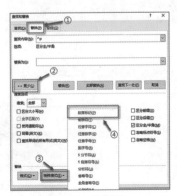

选择好"段落标记"选项后，在对话框的"查找内容"文本框中会显示"^p"（注：^p=↵），若要删除多余的空格，在"查找内容"文本框中应输入"^p^p"，在"替换为"文本框中输入"^p"，然后单击"全部替换"按钮，如图1-69所示。

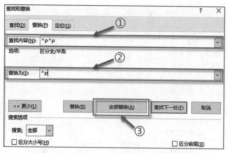

图 1-69　替换操作

单击"全部替换"按钮后，完成多余空行的删除，替换前后的效果分别如图1-70和图1-71所示。

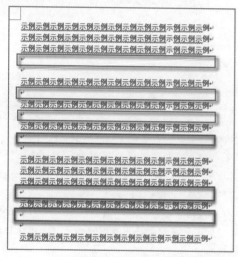

图 1-70　空行替换前

图 1-71　空行替换后

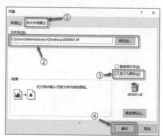

读书笔记

1.7.5　在文件中插入附件

如果需要在文件中插入一个附件，先将光标定位在需要插入附件的位置，然后在功能区"插入"选项卡的"文本"面板中单击"对象"按钮 ▣，如图1-72所示。

图 1-72　对象插入

在弹出的"对象"对话框中单击"由文件创建"选项卡，接着单击"浏览"按钮，选择所要插入的附件后，选中"显示为图标"复选框，然后单击"确定"按钮即可插入该附件，如图1-73所示。

图 1-73　插入附件

插入好附件之后，双击附件图标即可打开附件。

1.7.6 快速地进行简体和繁体切换

在 Microsoft Word 中，可以快速地将全文内容或选中内容进行简体、繁体转换。中文简体和繁体转换的工具按钮位于功能区"审阅"选项卡的"中文简繁转换"面板中，如图 1-74 所示。

图 1-74　中文简繁转换的工具

例如，如果要将文档中的全部中文繁体字转换为简体字，那么可以先按快捷键 Ctrl+A 以选取全文作为要转换的文字内容，接着在功能区"审阅"选项卡的"中文简繁转换"面板中单击"繁转简"按钮即可。如果单击的是"简繁转换"按钮，则系统弹出如图 1-75 所示的"中文简繁转换"对话框，从中设置转换方向，然后单击"确定"按钮。

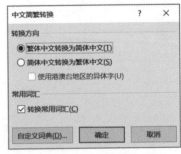

图 1-75　"中文简繁转换"对话框

1.7.7 解密段落前的小黑点

在编辑文档过程中，有时会在段落前端出现小黑点标识，这种标识既不能被选中，也不能手动删除。这是因为该段落被设置了换行或者分页的选项，而编辑过程出现的段落小黑点在打印时不会被打印出来。

如果想要清除段落前的小黑点，方法也很简单。首先选中需要清除小黑点的段落内容，接着在功能区"开始"选项卡的"段落"面板中单击其右下角的"段落设置"按钮，弹出"段落"对话框，在"换行和分页"选项卡中取消选中"与下段同页""段中不分页""段前分页"复选框，确定后即可清除小黑点，如图 1-76 所示。

图 1-76　"段落"对话框

注　意

"孤行控制"即是确保段落不会有某一单独行出现在不同页中，保证每一页起码有两行以上的同一段落文字内容。

"与下段同页"即是确保前后两段文字内容出现在同一页中，这种通常会应用在图片和题注上以保持图题同页的效果。

"段中不分页"即是确保段落中所有的文字内容都出现在同一页中，这种通常应用在标题章节中以防止标题显示不完整。

"段前分页"即是确保每一段的开头都只出现在每一页的开头处，这种通常用来确保每一章节的文章都在新的一页开始。

1.7.8 关闭文件时的注意事项

编辑完一个 Word 文档之后，在关闭文件之前需要注意以下几点。

1）如果不希望别人随意编辑内容，那么可以将文档设置为"只读"模式或者标记为"最终状态"以防止读者编辑修改内容，详细设置方式参考"1.5 保护文档的相关设置"。

2）确认是否已经完成保存操作。养成随时保存的习惯可以很大程度上减少因意外关闭造成的损失，也可以设置自动保存来避免这一类问题，详细设置方式参考"1.6.3 设置自动保存"。

3）Microsoft Word 提供很多种保存格式，关闭文档之前如需保存为不同的格式，可以另存为新的文档格式，详细设置方式参考"1.6.2 另存为"。

1.8 案例操练——制作文章文档

下面就运用第一章所涉及的知识来制作一个规范化的文档。

1）新建一个空白的 Microsoft Word 文档，接着在文本编辑区输入相关内容，如图 1-77 所示。

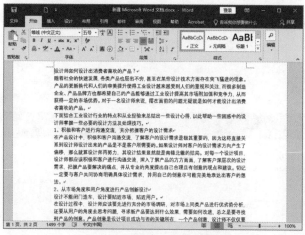

图 1-77　输入内容

2）单击拖曳选择标题文字"设计师如何设计出消费者喜欢的产品？"，在功能区"开始"选项卡的"样式"面板中单击"标题 1"样式，然后在"段落"面板中单击"居中"按钮，如图 1-78 所示。

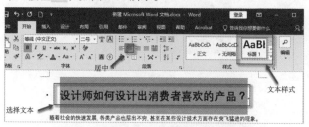

图 1-78　设置标题格式

3）按住鼠标左键拖曳选择正文内容，然后在功能区"开始"选项卡的"字体"面板中设置"字体"和"字号"等内容，如图 1-79 所示。

图 1-79　字体和字号设置

4）设置完文本的字体样式之后，接下来就要对段落的格式进行调整，使整篇文章看起来工整规范。单击功能区"开始"选项卡，接着在"段落"面板中单击右下角的"段落设置"按钮，弹出"段落"对话框，在"缩进和间距"选项卡的"缩进"选项组中选择"首行缩进"的特殊格式，将缩进值调整为"2字符"，在"间距"选项组中将"行距"修改为"1.5倍行距"，如图 1-80 所示。

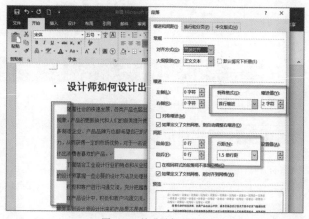

图 1-80　缩进及行距设置

5）内容段落等格式设置好后，为了让文本主题更加清晰明了，可以在每一个小标题前面附带上编号，首先选择需要编号的小标题文本内容，然后在功能区"开始"选项卡的"段落"面板中单击"编号"按钮，选择合适的编号类型即可，如图 1-81 所示。

图 1-81　编号操作

这样便基本完成了一篇文章整体上的格式设置，效果对比分别如图 1-82 和图 1-83 所示。

图 1-82　格式设置前

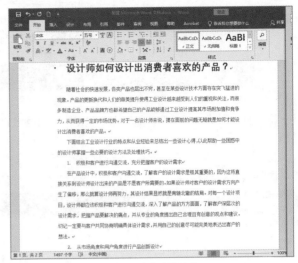

图 1-83　格式设置后

1.9　自学拓展小技巧

本章自学扩展知识包括"固定最近使用的文档""辅助标尺与网格线""格式刷的使用""快速定位"。

1.9.1　固定最近使用的文档

　　打开 Microsoft Word 时，在窗口左侧会显示一个"Word 最近使用的文档"栏，如图 1-84 所示。

图 1-85　固定文档

固定后的效果如图 1-86 所示。

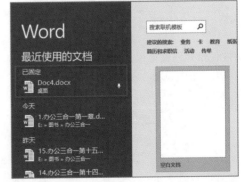

图 1-86　固定效果

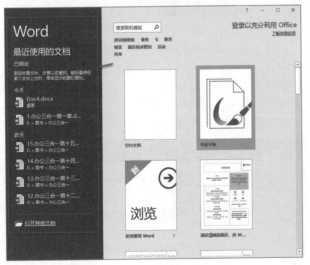

图 1-84　最近使用的文档

　　该栏会显示最近打开的文档记录，每打开一个新的文档就会替换掉最后一个文档，如果在工作过程中需要重复使用某一个文档，则可以将其固定在列表中以防被替换，固定的操作很简单，将鼠标移至该文档处，单击文档右侧的"固定"按钮■即可，如图 1-85 所示。

　　固定后的文档不会被后面打开的文档记录所替换，会一直保持在固定区域以供用户选择使用。

1.9.2　辅助标尺与网格线

在新版的 Word 中，打开的文档默认时不显示辅助标尺，如果用户需要打开标尺，可以在功能区"视图"选项卡的"显示"面板中选中"标尺"复选框，如图1-87所示。

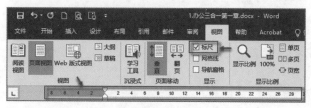

图 1-87　显示标尺

如果想要显示辅助网格线，那么在功能区"视图"选项卡的"显示"面板中选中"网格线"复选框即可，如

图 1-88 所示。

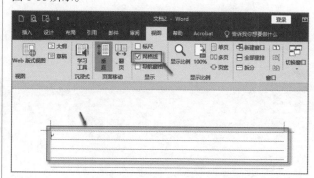

图 1-88　设置显示网格线

1.9.3　格式刷的使用

在编辑过程中，使用格式刷可以复制选定文本内容的格式设置，并将该格式设置应用到另外指定的文本内容中。其方法是：先选中要复制格式的文本内容，接着在功能区"开始"选项卡的"剪贴板"面板中单击"格式刷"按钮 ，此时置于文档窗口中的光标会显示成 ，然后在文档中选中要设置的文本内容即可。

注　意

单击"格式刷"按钮 只可以复制一次文本格式，如果需要多次使用，可以双击"格式刷"按钮 。

1.9.4　快速定位

如果文档内容较长，需要快速定位到某一页时，就可以使用"定位"功能来进行快速定位。在功能区"开始"选项卡的"编辑"面板中单击"替换"按钮 ，如图1-89所示，系统弹出"查找和替换"对话框。

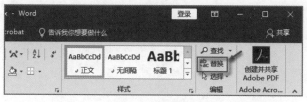

图 1-89　替换功能

在"查找和替换"对话框中选择"定位"选项卡，接着在"定位目标"选项组中选择"页"选项，在右侧的

"输入页号"文本框中输入相应的页号后单击"定位"按钮即可完成跳转，如图1-90所示。

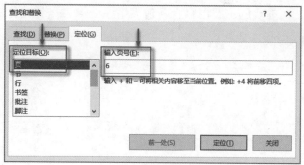

图 1-90　定位页号

读书笔记

第

玩转 Word 中的表格

2

章

◎ **本章导读：**

　　本章的主要内容有新建表格、编辑表格和美化表格等。学好本章知识，并积累实际操作经验，相信读者很快便能玩转 Word 中的表格。

2.1 新建表格

本节主要讲解插入表格、手动绘制表格及快速插入表格，为后续的相关操作做准备。

2.1.1 插入表格

在 Microsoft Word 中，可以通过表格来展示相关的数据。

在功能区"插入"选项卡的"表格"面板中单击"表格"按钮，接着在下拉列表中选择"插入表格"选项，如图 2-1 所示。然后在弹出的"插入表格"对话框中填写"列数"和"行数"，如需表格自动适应内容调整大小，则可以选中"根据内容调整表格"单选按钮，最后单击"确定"按钮即可完成表格的插入，如图 2-2 所示。

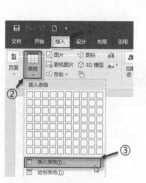

图 2-1　表格的插入

图 2-2　"插入表格"对话框

2.1.2 手动绘制表格

如果需要手动绘制表格，那么在功能区"插入"选项卡的"表格"面板中单击"表格"按钮，接着在下拉列表中选择"绘制表格"选项，如图 2-3 所示。当鼠标指针形状变成图标后便可开始绘制表格，首先按住鼠标左键拖曳绘制表格的外框，如图 2-4 所示。

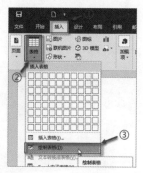

图 2-3　绘制表格

按住鼠标左键拖曳

图 2-4　绘制表格外框

然后在外框中按住鼠标左键下拉便可将表格分列，按住鼠标左键右移便可将表格分行，如图 2-5 所示。

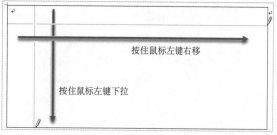

按住鼠标左键右移

按住鼠标左键下拉

图 2-5　绘制行列

2.1.3 快速插入表格

在所需要插入的表格行数与列数都比较少的情况下，可以使用快速插入表格的方式来创建表格。在功能区"插入"选项卡的"表格"面板中单击"表格"按钮，接着在下拉列表的方格区域中通过移动鼠标光标来选择所需要的行数及列数，然后单击鼠标左键即可完成创建，如图 2-6 所示。

图 2-6　快速插入

除此之外，Microsoft Word 还提供了一些简单的表格样式供用户选择使用。在功能区"插入"选项卡的"表格"面板中单击"表格"按钮，在下拉列表中选择"快速表格"选项，然后在弹出的表格样式菜单中选择合适的表格样式即可完成该样式表格的创建，如图 2-7 所示。

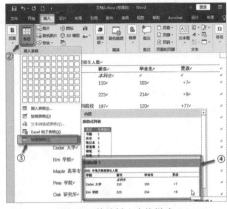

图 2-7　快速插入表格样式

2.2 编辑表格

本节主要讲解表格单元格的合并与拆分、行和列的插入与删除，以及行高与列宽的调整。

2.2.1 单元格的合并与拆分

在使用表格的过程中，有时需要将一个表格中两个或者多个单元格合并成一个大的单元格，或者将一个单元格拆分成多个单元格，此时就需要用到单元格的合并命令与拆分命令。

要合并选定单元格，首先选中要合并的单元格，接着右击，在弹出的快捷菜单中选择"合并单元格"命令即可完成单元格的合并，如图 2-8 所示。

合并之后的效果如图 2-9 所示。

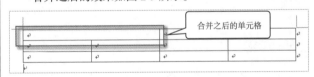

图 2-9　合并效果

如果要拆分单元格，则可以在该单元格上右击，在弹出的快捷菜单中选择"拆分单元格"命令，弹出"拆分单元格"对话框，从中填写所需要的"列数"和"行数"，如图 2-10 所示，然后单击"确定"按钮，即可完成拆分单元格。

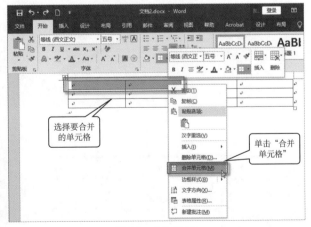

图 2-8　合并单元格

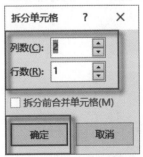

图 2-10　拆分单元格

2.2.2 行和列的插入与删除

在绘制表格的过程中，难免会碰到需要增加或者减少行数、列数的情况。以插入列为例，此时可先选中需要添加列的相邻列（也可在某一行中选择所需列包含的一个或多个连续单元格），右击，接着在弹出的快捷菜单中选择"插入"命令，再选择"在右侧插入列"命令或"在左侧插入列"命令（这里以选择"在右侧插入列"为例），即可完成列的插入，如图 2-11 所示。

行的插入与列的插入一样，同样可以使用右键快捷菜单快速插入。插入行、列的另外一种方法是在功能区"布局"选项卡的"行和列"面板中，根据实际情况单击"在上方插入"按钮 、"在下方插入"按钮 、"在左侧插入"按钮 或"在右侧插入"按钮 ，即可插入所需的行或列，如图 2-12 所示。

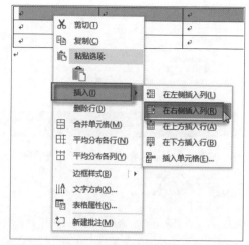

图 2-11 列的插入

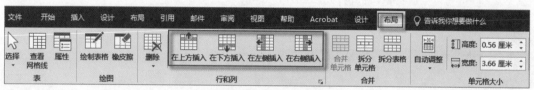

图 2-12 快捷插入行和列

2.2.3 行高与列宽的调整

在编辑表格过程中，为了适应不同内容，往往需要根据内容类型对表格的行高与列宽进行调整。调整的方法主要有两种：一种是通过行高、列宽的数值来进行准确化调整；另一种则是通过鼠标拖曳表格的框线进行调整。

1. 通过行高、列宽的数值来进行准确化调整

首先选中需要调整的表格右击，在弹出的快捷菜单中选择"表格属性"命令，如图 2-13 所示，系统弹出"表格属性"对话框。

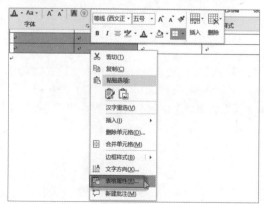

图 2-13 表格属性

在"表格属性"对话框中打开"行"选项卡，接着选中"指定高度"复选框并在右侧输入所需要的行高数值，如图 2-14 所示；调整列宽则在"列"选项卡中选中"指定宽度"复选框并输入所需要的列宽数值即可，如图 2-15 所示，最后单击"确定"按钮即可。

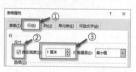

图 2-14 行高调整

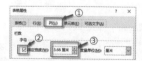

图 2-15 列宽调整

2. 通过鼠标拖曳表格框线的方式进行调整

如果不需要用数值精准地控制行高与列宽，可先将鼠标光标移动到表格框线上，此时鼠标光标会变成 ↔ 或 ↕，按住鼠标左键拖曳即可快速调整单元格的列宽或行高，如图 2-16 和图 2-17 所示。

27

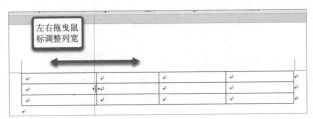

图 2-16 左右拖曳调整列宽

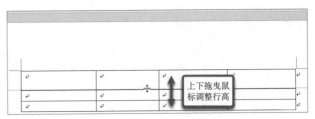

图 2-17 上下拖曳调整行高

2.3 美化表格

美化表格的内容包括表格样式的选择、表格内容格式的设置及边框与底纹的设置等。

2.3.1 表格样式的选择

Microsoft Word 提供了很多种表格样式供用户选择，用户可以直接选择所需要的配色及样式方案进行套用。首先单击表格左上方的 ⊞ 按钮以全选表格，然后在功能区会出现一个"表格工具"标签，单击"设计"选项卡后跳转到表格样式面板，如图 2-18 所示。

图 2-18 表格样式

在"表格样式"面板中单击下拉按钮 ▾，便会弹出包含"普通表格""网格表""清单表"的下拉列表，如图 2-19 所示。

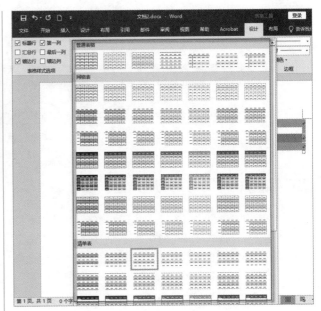

图 2-19 选择表格样式

2.3.2 表格内容格式的设置

在表格中填写内容后，如果不对表格内容格式进行设置，表格内容有时会显示得比较凌乱。表格内容格式主要包括内容对齐方式和字体格式两种。

设置字体格式的方法跟 1.7.1 的设置方法一样，首先选中需要设置字体格式的单元格，接着在功能区"开始"选项卡的"字体"面板中进行快捷设置，如图 2-20 所示。

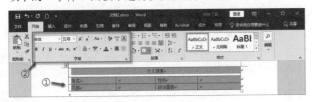

图 2-20 设置字体

除了快捷设置，也可以单击"字体"面板右下角的对话框弹出按钮 ⌐，在弹出的"字体"对话框中进行设置，如图 2-21 所示。

关于对齐方式的设置，首先选中需要设置的表格，接着在功能区"表格工具"中单击"布局"选项卡，然后在"对齐方式"面板中选择合适的对齐方式便可完成设置，如图 2-22 所示。

图 2-21　"字体"对话框

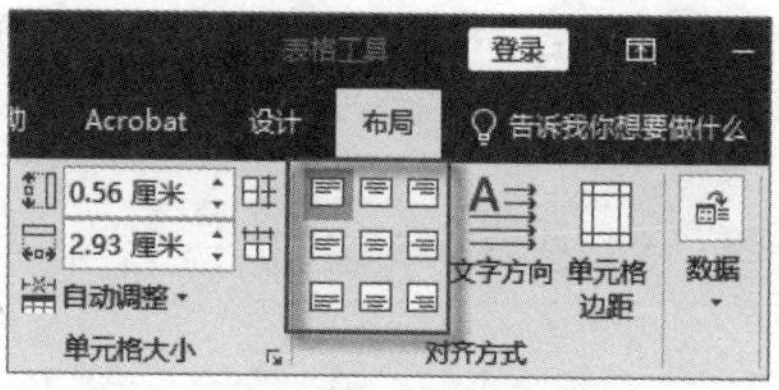

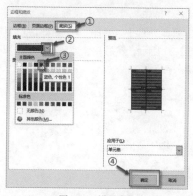

图 2-22　对齐方式

2.3.3　边框与底纹的设置

在 Microsoft Word 中可以给单元格设置边框样式与底纹，使单元格显得更加突出与美观。

最常用的方法是选中要编辑的单元格，接着在功能区"表格工具"中打开"设计"选项卡，在"边框"面板中单击"边框"按钮，将鼠标移动至所需要的边框样式，则在内容编辑区即会出现该样式的预览效果，如图 2-23 所示。

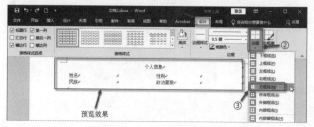

图 2-23　设置边框

用户可以调整单元格边框的粗细，其方法是：在"边框"面板中单击相应边框磅数的下拉按钮，在下拉列表中选择合适的磅数即可完成设置，如图 2-24 所示。

图 2-24　设置磅数

设置好边框的格式之后，单击"边框"面板右下角的对话框弹出按钮，接着在弹出的"边框和底纹"对话框中单击"底纹"选项卡，单击"填充"选项组的下拉按钮选择合适的颜色，然后单击"确定"按钮即可完成底纹设置，如图 2-25 所示。利用"边框和底纹"对话框的相应选项卡，还可以设置边框和页面边框的属性样式。

图 2-25　设置底纹

2.4.1 对表格中的数据进行排序

在使用表格记录数据时，通常需要将数据按照由大到小或由小到大的排序方式进行排序。在 Microsoft Word 中可以快速地将表格中的数据进行排序。

首先选中要排序的单元格，接着在功能区"表格工具"中打开"布局"选项卡，然后在"数据"面板中单击"排序"按钮 $\frac{A}{Z}\downarrow$ ，如图 2-26 所示。

图 2-26 排序

在弹出的"排序"对话框中设置"主要关键字"、排序内容的"类型"，并选中"升序"单选按钮或"降序"单选按钮，如图 2-27 所示，然后单击"确定"按钮即可完成单元格内容的排序。

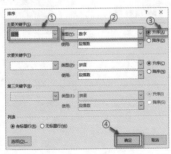

图 2-27 "排序"对话框（以升序为例）

设置完成后，表格的内容便会根据所设定的排序类型

自动进行排序，排序前后的效果图如图 2-28 和图 2-29 所示。

姓名	成绩
张三	56
李四	98
肖九	47
黄六	89
赵五	77
吴八	60
王七	57

图 2-28 排序前

姓名	成绩
肖九	47
张三	56
王七	57
吴八	60
赵五	77
黄六	89
李四	98

图 2-29 排序后

读书笔记

2.4.2 对表格中的数据进行计算

在 Microsoft Word 表格中也可以对数据进行计算。这里以求和为例，首先将光标定位在计算后数据所在的位置，接着在功能区"表格工具"中打开"布局"选项卡，在"数据"面板中单击"公式"按钮 fx ，如图 2-30 所示。

假如默认的公式是求和公式"=SUM(ABOVE)"，如图 2-31 所示，然后单击"确定"按钮，即可完成数据计算。

如果需要计算多列数据的总和，可以将第一次计算后的结果单元格直接复制并粘贴到需要计算的列上，如图 2-32 所示。

图 2-30 数据求和

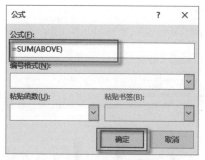

图 2-31　公式插入

姓名	成绩	姓名	成绩	姓名	成绩
肖九	47	肖九	24	肖九	77
张三	56	张三	56	张三	86
王七	57	王七	89	王七	45
吴八	60	吴八	78	吴八	83
赵五	77	赵五	99	赵五	39
黄六	89	黄六	54	黄六	94
李四	98	李四	35	李四	72
合计	484	合计	435	合计	496

更新域后的结果

图 2-33　更新域后的结果

除了使用"F9 键"进行更新域之外，也可以右击并在弹出的快捷菜单中选择"更新域"命令，如图 2-34 所示。

姓名	成绩	姓名	成绩	姓名	
肖九	47	肖九	24	肖九	剪切(T)
张三	56	张三	56	张三	复制(C)
王七	57	王七	89	王七	粘贴选项:
吴八	60	吴八	78	吴八	
赵五	77	赵五	99	赵五	更新域(U)
黄六	89	黄六	54	黄六	编辑域(E)...
李四	98	李四	35	李四	切换域代码(T)
合计	484	合计	484	合计	字体(F)... 段落(P)... 插入符号(S)

图 2-34　"更新域"命令

姓名	成绩	姓名	成绩	姓名	成绩
肖九	47	肖九	24	肖九	77
张三	56	张三	56	张三	86
王七	57	王七	89	王七	45
吴八	60	吴八	78	吴八	83
赵五	77	赵五	99	赵五	39
黄六	89	黄六	54	黄六	94
李四	98	李四	35	李四	72
合计	484	合计	484	合计	484

复制第一次计算结果

粘贴到所需要计算的列上

图 2-32　复制结果

复制过去会发现数据还是跟前面的计算结果一样，这是因为 Microsoft Word 的数据不会实时更新，所以此时需要执行"更新域"命令。方法是先选择需要更新域的文本内容，或者按 Ctrl+A 快捷键以选中全文，然后按 F9 键即可快速完成"更新域"命令，结果如图 2-33 所示。

2.4.3　制作图表

在编辑内容的过程中，往往需要配合图表来展示数据的变化，Microsoft Word 提供了很多图表类型供用户选择使用。

在功能区"插入"选项卡的"插图"面板中单击"图表"按钮，如图 2-35 所示，系统弹出"插入图表"对话框。

图 2-35　插入图表

以簇状柱形图为例，在"插入图表"对话框中选择"柱形图"选项，接着选择右侧柱形图类型（这里以选择"簇状柱形图"类型为例），如图 2-36 所示，然后单击"确定"按钮即可完成簇状柱形图模板创建。

插入后会在内容编辑区中出现一个簇状柱形图的模板图表，并弹出一个"Microsoft Word 中的图表"的 Excel 窗口，如图 2-37 所示。

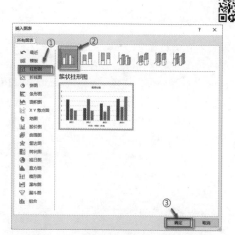

图 2-36　插入簇状柱形图

每一条柱形图都对应着表格中一列的数据，如图 2-38 所示。

将数据填写进每一个单元格中即可完成一个图表的制作，如图 2-39 所示。

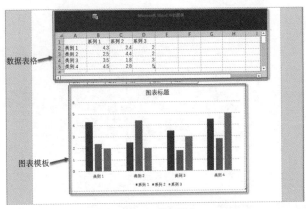

数据表格

图表模板

图 2-37　模板样式

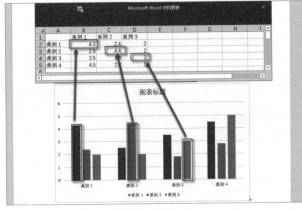

图 2-38　数据对应

成绩表

图 2-39　填入数据

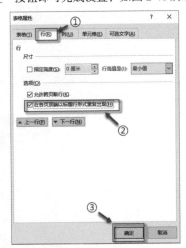

读书笔记

2.4.4　跨页显示表头

在编辑内容的过程中，有时候会出现同一个表格在不同页出现的情况，如果分页之后表格的表头不显示，便会产生表格内容不好分辨的现象，而 Microsoft Word 可以设置在不同页的同一个表格都显示表头。

首先将光标移动到上一页表格的表头右击，在弹出的快捷菜单中选择"表格属性"命令，如图 2-40 所示。

图 2-40　设置表格属性

在弹出的"表格属性"对话框中单击"行"选项卡，选中"在各页顶端以标题行形式重复出现"复选框，然后单击"确定"按钮即可完成设置，如图 2-41 所示。

图 2-41　设置每页显示表头

设置前后的效果对比如图 2-42 和图 2-43 所示。

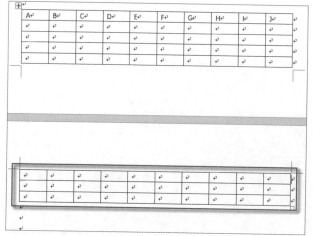

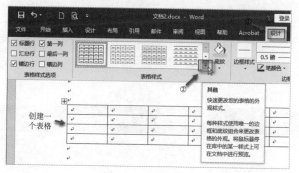

图 2-42　设置表头前

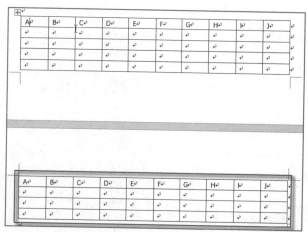

图 2-43　设置表头后

2.4.5　自定义表格样式

2.3.1 节已提到 Microsoft Word 提供了很多表格样式供用户选择，其实表格样式也可以由用户自己来制作。具体步骤如下。

1）快捷创建一个表格，在功能区"表格工具"下打开"设计"选项卡，在"表格样式"面板中单击"表格样式"的下拉按钮▾，如图 2-44 所示。

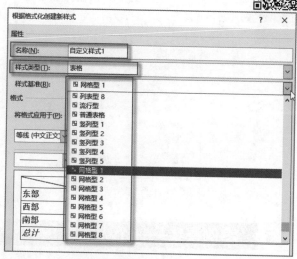

图 2-45　属性设置

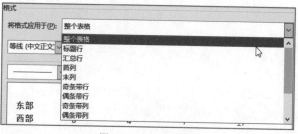

图 2-44　自定义样式

图 2-46　应用区域选择

2）在弹出的下拉列表中选择"新建表格样式"选项，弹出"根据格式化创建新样式"对话框。利用此对话框便可自定义表格样式。

3）在"属性"选项组中填写表格样式的名称，选择表格样式类型及合适的样式基准，如图 2-45 所示。

4）在"格式"选项组中对表格的格式进行设置，单击"将格式应用于"下拉按钮可以看到针对整个表格或部分表格的格式设置，如图 2-46 所示。

选择完应用的区域后，再依次对标题行、汇总行等分别进行格式设置，如图 2-47 所示。

5）在对话框的左下角有"仅限此文档"与"基于该模板的新文档"两个单选按钮供选择，其中，"仅限此文档"单选按钮表示该表格样式只用于此文档中，而"基于该模

板的新文档"单选按钮则表示基于该模板下的新文档将使用该样式。这里以选中"仅限此文档"单选按钮为例，如图 2-48 所示，然后单击"确定"按钮，此表格样式即可创建完毕。

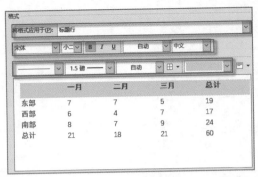

图 2-47　格式设置

图 2-48　表格样式应用设置

在对话框左下角还有一个"格式"按钮，单击该按钮可以设置更多的格式属性，用户可以对表格样式进行更多方面的设置，如图 2-49 所示。

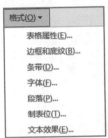

图 2-49　格式设置

设置后的自定义表格样式就会自动保存到"表格样式"下拉列表中的"自定义"一栏，用户可以随时使用该样式创建表格，如图 2-50 所示。

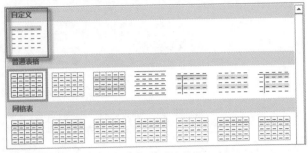

图 2-50　自定义样式

2.5 ▶ 案例操练——个人简历

Microsoft Word 是制作简历的一个常用工具，如何在 Word 中制作一份简洁大方的简历呢？下面就来介绍如何制作一份个人简历。

1）首先在文本编辑区输入标题"个人简历"，并将其样式设置成"标题 1"并居中，如图 2-51 所示。

2）快速创建一个空白表格，合并第一行、第四行、第七行单元格，并依次写上"个人信息""求职意向""教育背景"，然后选中这三个单元格，单击"居中"按钮 ，如图 2-52 所示。

3）选中"个人信息"栏下第二行左起的第一个单元格右击，在弹出的快捷菜单中选择"拆分单元格"命令，弹出"拆分单元格"对话框，将列数设置为 2，行数设置为 1，单击"确定"按钮，从而将一个单元格拆分成两个单元

图 2-51　简历标题

格。使用同样的方式将个人信息栏下的其他相应单元格进行拆分，并填写上相应的信息，再将最右边的三个单元格合并，作为粘贴照片的位置，如图 2-53 所示。

图 2-52 进行合并单元格等操作

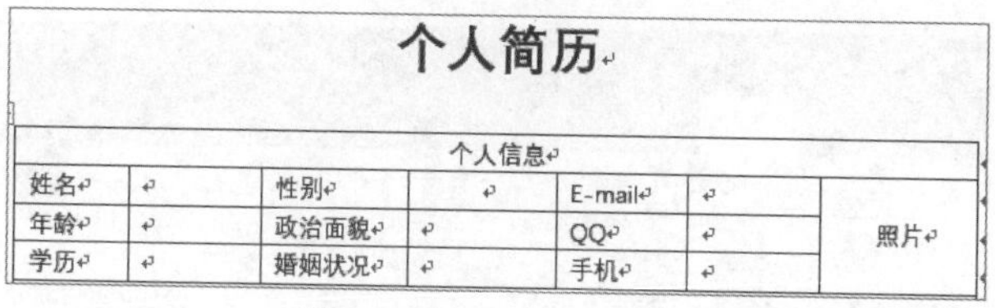

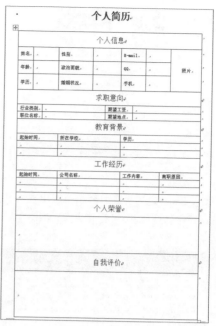

图 2-54 简历布局

个人信息			
姓名		性别	E-mail
年龄		政治面貌	QQ	照片
学历		婚姻状况	手机	

图 2-53 拆分和合并单元格

4）用同样的方法将整个表格的大致区域划分出来，并适当调整行高和列宽，如图 2-54 所示。

5）创建完简历的整体结构后，可以对表格的单元格进行底纹添加以突出该单元格。添加完底纹后按 Ctrl+A 快捷键进行全选，然后单击"居中"按钮 ，即可完成一个简单的简历表格模板制作，如图 2-55 所示。

6）将自己的个人信息以及照片填写进这份表格模板中，从而完成一份简单的个人简历表格的制作。

读书笔记

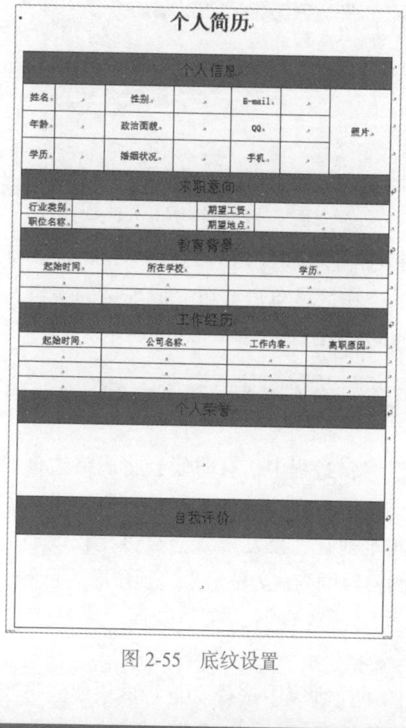

图 2-55 底纹设置

2.6　自学拓展小技巧

2.6.1　插入 Excel 表格编辑内容

在 Microsoft Word 中，可以插入 Microsoft Excel 表格进行编辑。Excel 能提供更多的表格功能供用户使用，可以更加方便地进行表格内容的处理与统计。

1）在功能区"插入"选项卡的"表格"面板中单击"表格"按钮 ，在弹出的下拉列表中选择"Excel 电子表格"选项，如图 2-56 所示。

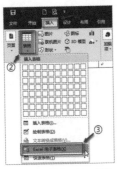

图 2-56　插入 Excel 表格

2）插入 Excel 之后会在内容编辑区出现一个 Excel 表格，功能区也会转换成 Excel 操作界面，如图 2-57 所示。

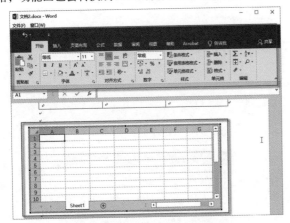

图 2-57　Excel 操作界面

3）在表格中编辑完内容之后，如图 2-58 所示，在内容编辑区的空白区域单击即可完成表格的编辑，并将表格转换为普通的表格形式，如图 2-59 所示。

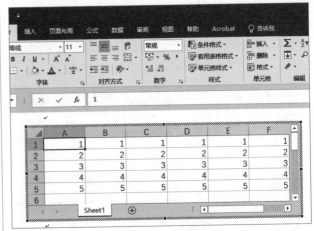

图 2-58　Excel 表格

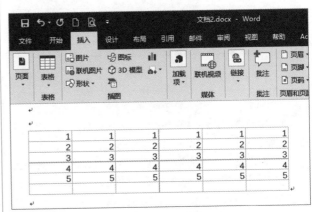

图 2-59　Word 表格

如需再次编辑表格内容，双击表格即可打开 Excel 操作界面，再进行表格编辑操作即可。

2.6.2　隐藏 / 显示网格线

在表格编辑过程中，有时候会将表格边框设置为"无框线"格式，但是有时候为了调整方便，往往需要使用框线来进行校准对比，反复设置会显得比较烦琐，所以可以通过设置网格线的隐藏 / 显示来达到校准的目的。

首先选中任意表格，在功能区"表格工具"下单击"设计"选项卡，在"边框"面板中单击"边框"按钮，并在弹出的下拉列表中选择"查看网格线"选项，即可以虚线模式来显示无框线表格的虚拟框线，如图 2-60 所示。

设置前后的效果对比如图 2-61 和图 2-62 所示。

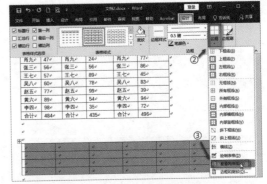

图 2-60　查看网格线

图 2-61　设置网格线前

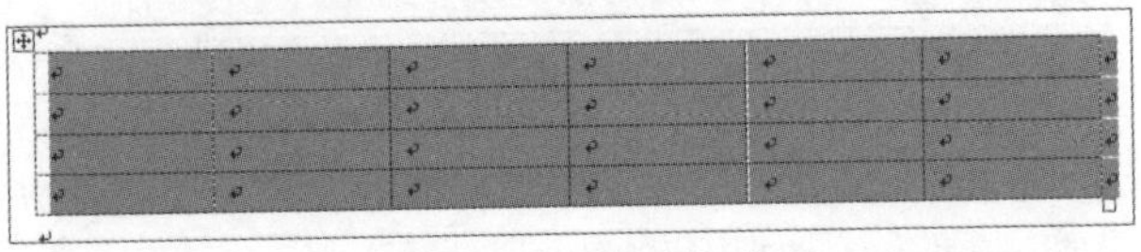

图 2-62　设置网格线后

第3章

Word 图文搭配

◎ **本章导读：**

　　本章主要介绍 Word 图文搭配的实用知识与技巧，具体内容包括图片的操作技巧、文本框的操作技巧、艺术字的操作技巧、玩转 SmartArt 图形、专家点拨和案例操练。

3.1.1 插入图片

编辑文档时，文字往往需要搭配图片才能显得更为详细、易懂。在文档中插入图片的方法很简单，首先在功能区"插入"选项卡的"插图"面板中单击"图片"按钮，如图 3-1 所示。然后在弹出的"插入图片"对话框中选择需要插入的图片，再单击"插入"按钮即可完成图片的插入，操作示意如图 3-2 所示。

如果事先没有准备好图片，可以尝试在 Microsoft Word 提供的联机图片中搜索合适的图片，其方法是在功能区"插入"选项卡的"插图"面板中单击"联机图片"按钮，如图 3-3 所示，接着在弹出的对话框中选择合适的图片后单击"插入"按钮，从而完成联机图片的插入，如图 3-4 所示。

图 3-1 插入图片

图 3-3 联机图片

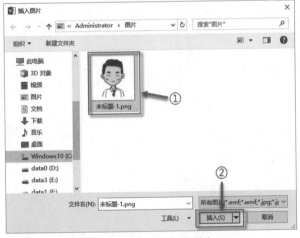

图 3-2 选择需要插入的图片

图 3-4 联机图片

3.1.2 设置图片环绕方式

插入图片之后，需要对图片的环绕方式进行设置以获得较好的效果，环绕方式有"嵌入型""四周型""紧密型""穿越型""上下型""衬于文字下方""浮于文字上方"7 种。可以按照以下步骤来设置图片环绕方式。

1）选中需要设置的图片，接着右击，在弹出的快捷菜

单中选择"大小和位置"命令，如图 3-5 所示。

2）在弹出的"布局"对话框中切换至"文字环绕"选项卡，接着选择合适的环绕方式，如图 3-6 所示，然后单击"确定"按钮，即可完成图片环绕方式的设置。

Word/Excel/PPT 2019 商务办公完全自学手册

图 3-5 选择"大小和位置"选项

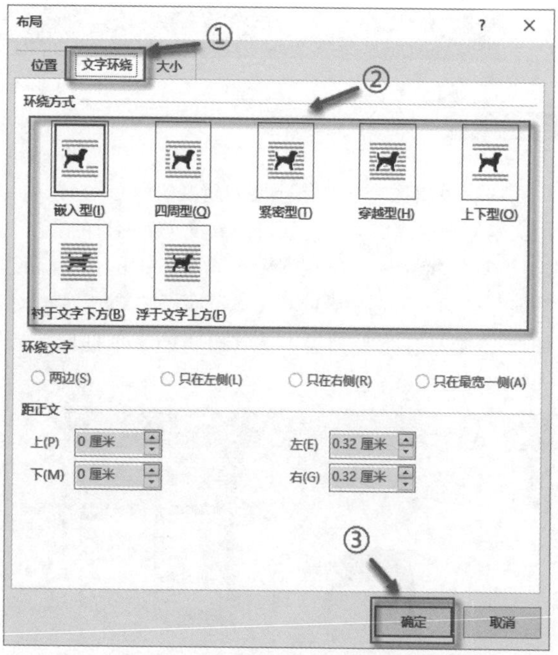

图 3-6 设置图片环绕类型

3.1.3 设置图片样式

在 Microsoft Word 中，可以对图片样式进行多样化的设置。对图片使用快速样式的步骤如下。

1）首先选中需要设置的图片，在功能区"格式"选项卡中单击"快速样式"按钮，如图 3-7 所示。

维格式""三维旋转""艺术效果"等。

图 3-8 图片快速样式示例效果

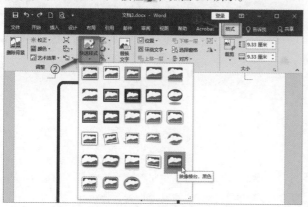

图 3-7 快速样式

2）选择下拉列表中的样式，即可完成图片样式的快速设置。对图片进行快速样式设置的示例效果如图 3-8 所示。

如果对 Microsoft Word 提供的快速样式不满意，也可以自行设置图片的样式。其方法是先双击想要设置的图片，在功能区"格式"选项卡中单击"图片样式"面板的对话框弹出按钮，系统会弹出一个"设置图片格式"对话框，如图 3-9 所示。然后根据需要对图片的一些格式（样式）进行设置，包括"阴影""映像""发光""柔化边缘""三

图 3-9 设置图片格式

39

3.2.1 插入文本框

在内容编辑区中，如果想要自定义文字的位置，可以使用文本框来输入文本以达到自由放置文字的目的。

1）首先将光标定位在需要插入文本框的位置，接着在功能区"插入"选项卡的"文本"面板中单击"文本框"按钮，随后在下拉列表中选择合适的文本框样式，如图3-10所示。

图3-10　插入文本框

3.2.2 编辑文本框

插入文本框之后，可以通过个性化的编辑设置来制作所需的文本框形式，文本框编辑设置的内容主要包括形状、形状样式、文本方向及其对齐方式，以及文本框排列等。

例如，要更改文本框的形状，那么可以按照这样的步骤进行：首先，选中需要编辑的文本框，接着在功能区"格式"选项卡的"插入形状"面板中单击"编辑形状"按钮，在下拉列表中选择"更改形状"选项，如图3-11所示，然后在形状列表中选择所需的一种形状即可。该形状列表主要有"矩形""基本形状""箭头总汇""公式形状""流程图""星与旗帜""标注"这几大类的文本框形状。

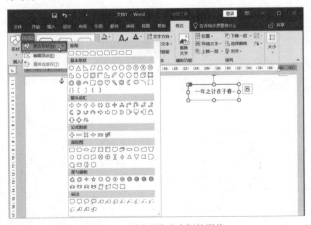

图3-11　更改选定文本框的形状

2）此时在内容编辑区出现一个文本框，将光标移动到文本框的框线上，待鼠标光标显示成后按住鼠标左键并移动即可拖动文本框，而单击文本框内部则可以编辑文本框内的文字内容。

在"形状样式"面板中，可以选择Microsoft Word提供的文本框快速样式，也可以自行设置文本框的形状填充、形状轮廓及形状效果等，如图3-12所示。

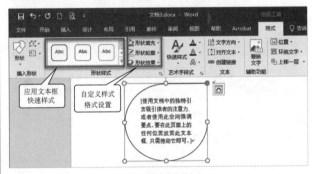

图3-12　文本框样式

文本框分横排文本框与竖排文本框两种。如果在一开始插入文本框时没有注意这个设置，那么在后续编辑中也可以更改文本框内容的横竖排版及其对齐方式。其方法是：先选中需要更改的文本框，接着在功能区"格式"选项卡的"文本"面板中单击"文字方向"按钮，然后在下拉列表中选择合适的文字排版模式即可，操作示例如图3-13所示。

至于文本对齐方式的设置，可以在功能区"格式"选项卡的"文本"面板中单击"对齐文本"按钮，接着在其下拉列表中选择合适的对齐方式即可，操作示例如图3-14所示。

图 3-13　更改文字方向

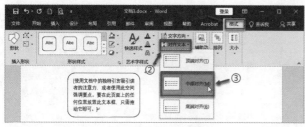

图 3-14　更改对齐方式

在 Microsoft Word 中，文本框同图片一样可以设置其位置、层级及环绕方式。例如，若要设置所选文本框在页面上显示的位置，则可以先选中需要设置的文本框，接着在功能区"格式"选项卡的"排列"面板中单击"位置"按钮，在其下拉列表中选择合适的位置选项即可完成设置，示例如图 3-15 所示。很多时候，设置文字自动环绕文本框等对象，不但不影响阅读，而且版面显得更为美观。

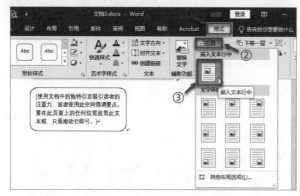

图 3-15　文本框等选定对象的位置设置

环绕文字设置其实就是指文字环绕所选对象的方式。例如，可以选择让文字继续环绕对象或跨过对象。要对文本框对象进行环绕文字设置，可在功能区"格式"选项卡的"排列"面板中单击"环绕文字"按钮，接着在其下拉列表中选择合适的环绕形式即可，如图 3-16 所示。环绕文字形式主要有"嵌入型""四周型""紧密型环绕""穿越型环绕""上下型环绕""衬于文字下方""浮于文字上方""编辑环绕顶点"等。

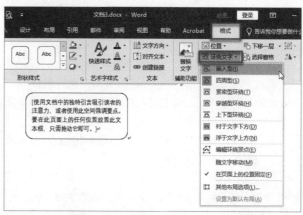

图 3-16　环绕文字设置

读书笔记

3.3　艺术字的操作技巧

3.3.1　插入艺术字

Microsoft Word 中有大量的艺术字字体供用户选择使用，巧用艺术字搭配，能够突出重点内容，主次分明。插入艺术字的步骤如下。

1）首先将光标定位在需要插入艺术字的位置，接着在功能区"插入"选项卡的"文本"面板中单击"艺术字"按钮，在下拉列表中选择合适的艺术字格式，如图 3-17 所示。

图 3-17 插入艺术字

2）在内容编辑区会出现一个带有艺术字体样式的文本框，在文本框中编辑内容即可完成艺术字的插入，如

图 3-18 所示。

图 3-18 输入艺术字内容

3.3.2 编辑艺术字

要对艺术字进行样式等方面的编辑，通常可以先选择要编辑的艺术字，接着在功能区"格式"选项卡的"艺术字样式"面板中选择快速样式选项，设置文本填充、文本轮廓，以及设置文字效果（如为文字添加底纹、发光或反射等视觉效果）使文字更加赏心悦目。还可以在功能区"格式"选项卡的"艺术字样式"面板中单击窗口弹出按钮 ，弹出"设置形状格式"对话框，如图 3-19 所示，在此对话框中可以分别对艺术字的形状选项和文本选项进行相应的格式设置。

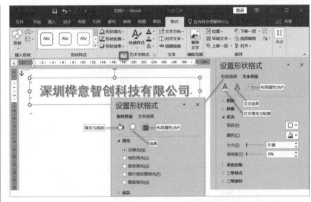
图 3-19 编辑艺术字的形状格式

3.4 玩转 SmartArt 图形

SmartArt 图形是一种利用信息和视觉形式来达到高效快捷传达信息的形式。

3.4.1 插入 SmartArt 图形

要在 Word 文档中插入 SmartArt 图形，可以先将光标定位在需要插入图形的位置，接着在功能区"插入"选项卡的"插图"面板中单击"SmartArt"按钮 ，如图 3-20 所示。

随后会弹出一个"选择 SmartArt 图形"对话框，在该对话框中选择图形类别与样式，如图 3-21 所示，单击"确定"按钮即可完成 SmartArt 图形的插入。

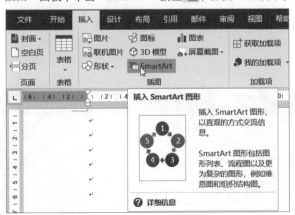
图 3-20 插入 SmartArt 图形

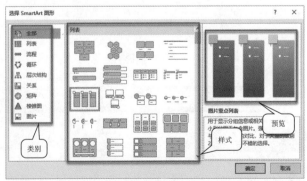
图 3-21 "选择 SmartArt 图形"对话框

插入的 SmartArt 图形模板会在可编辑区域显示"[文

Word/Excel/PPT 2019 商务办公完全自学手册

本]"字样或者 图标,分别表示该处可以编辑文本内容或者插入图片,如图 3-22 所示。

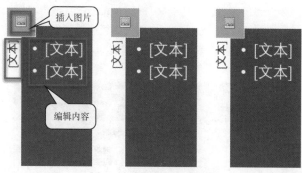

图 3-22　编辑 SmartArt 图形

如果想要统一修改文本内容,也可以在功能区"SmartArt 工具"中单击"设计"选项卡,在"创建图形"面板中单击"文本窗格"按钮 ，然后在弹出的文本窗格中对文本进行统一调整,如图 3-23 所示。

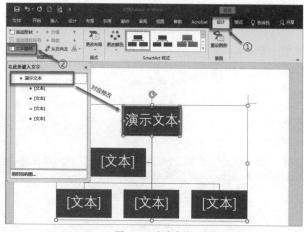

图 3-23　文本窗格

3.4.2　调整 SmartArt 图形

插入默认的 SmartArt 图形后,可以对图形的数量、顺序等进行设置。

首先选中需要设置的图形模块,在功能区"SmartArt 工具"中单击"设计"选项卡,在"创建图形"面板中单击"升级"按钮 ← /"降级"按钮 → ，即可将该模块的层级上升 / 下降一个级别,如图 3-24 所示。

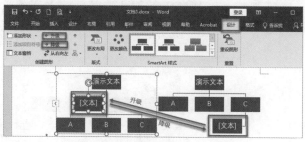

图 3-24　升降级

如果同一层级的模块想要移动位置,首先选中想要移动的模块,接着在功能区"SmartArt 工具"中单击"设计"选项卡,在"创建图形"面板中单击"上移所选内容"按钮 ↑ /"下移所选内容"按钮 ↓ ，即可完成移动指令,如图 3-25 所示。

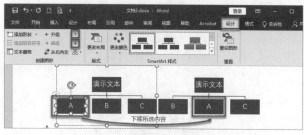

图 3-25　下移所选内容

如果默认模块的数量不够用,也可以增加模块。选中需要增加模块的相邻模块,右击,在弹出的快捷菜单中选择"添加形状"命令,接着在级联菜单中选择需要添加的方向选项,即可完成模块添加,如图 3-26 所示。

图 3-26　添加形状

3.4.3 设置 SmartArt 图形颜色与外观样式

SmartArt 图形的颜色与外观样式也有很多种类可供选择，更多的颜色配合不同的样式能更好地优化文本内容展示。

首先选中需要设置颜色的图形，在功能区打开"SmartArt 工具"的"设计"选项卡，在"SmartArt 样式"面板中单击"更改颜色"按钮，在下拉列表中选择合适的颜色即可，如图 3-27 所示。

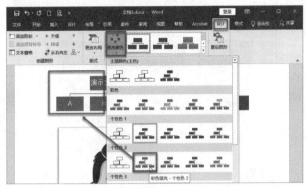

图 3-27　更改颜色

如果要对 SmartArt 的外观样式进行设置，同样先选中需要设置的图形，在功能区打开"SmartArt 工具"的"设计"选项卡，在"SmartArt 样式"面板中单击外观样式的下拉按钮，在下拉列表中可以设置 2D 或者 3D 的效果，如图 3-28 所示。

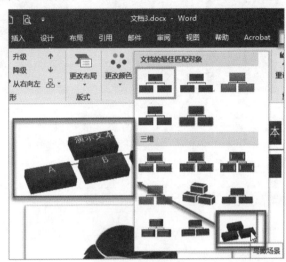

图 3-28　设置外观样式

3.4.4 更改 SmartArt 图形布局

Microsoft Word 对于 SmartArt 图形的布局方式也提供了一些设置格式。首先选中需要设置的图形，在功能区"SmartArt 工具"中单击"设计"选项卡，在"创建图形"面板中单击"从右向左"按钮就可以将模块的顺序进行左右翻转（调整），如图 3-29 所示。

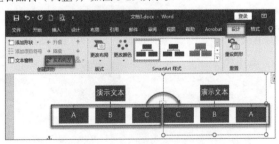

图 3-29　执行"从右向左"命令

对于组织结构类图形，版块的布局形式也有几种选项。首先选中需要设置的图形，在功能区"SmartArt 工具"中单击"设计"选项卡，在"创建图形"面板中单击"组织结构图布局"按钮，在下拉列表中选择合适的布局方式即可，如图 3-30 所示。布局方式选项有"标准"、"两者"、"左悬挂"和"右悬挂"。

在编辑过程中，如果对一开始所选的版式布局不满意，也可以进行更换。首先选中需要操作的图形，在功能区

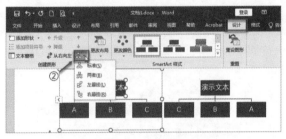

图 3-30　布局设置

"SmartArt 工具"中单击"设计"选项卡，在"版块"面板中单击"更改布局"按钮，然后在下拉列表中重新选择初始模板的样式，如图 3-31 所示。

图 3-31　更改布局

3.5.1 使用形状时的操作技巧

Microsoft Word 中提供了多种多样的形状供用户使用，在使用这些形状的过程中，有一些操作技巧可以帮助用户更加轻松地完成形状添加。

1. 批量添加同一种形状样式

在功能区"插入"选项卡的"插图"面板中单击"形状"按钮以打开"形状"下拉列表，将鼠标移到下拉列表中想要挑选的形状，接着右击，并从弹出的快捷菜单中选择"锁定绘图模式"命令，如图 3-32 所示，此时即对选定形状锁定了绘图模式，置于文档页面内的鼠标光标转换成十，此时可以通过多次单击鼠标以在文档中多次添加该形状（同一形状）。

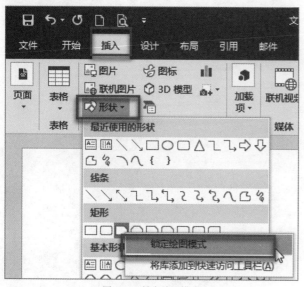

图 3-32　锁定绘图模式

2. 多个形状的组合

在添加完多个形状（可以是不同的形状）之后，可能需要将这些形状进行拼凑移动，如果每次都进行单个形状移动的话会让过程显得十分烦琐，所以可以将两个或多个形状组合起来进行移动。

首先选中需要组合的形状，接着在功能区"格式"选项卡的"排列"面板中单击"组合对象"按钮，在下拉列表中选择"组合"选项，如图 3-33 所示。

经过组合的形状就会合成一个大的形状（形成一个单独的对象），以后便可将组合后的多个图形视为单个对象来进行移动了，组合前后的对比效果如图 3-34 所示。

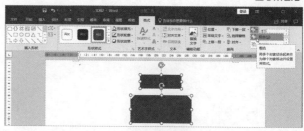

图 3-33　组合对象

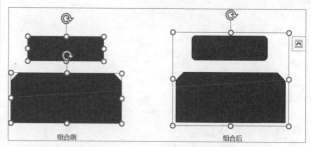

图 3-34　组合前后的对比效果

知识点拨

如果要取消图形的组合状态，可以先双击该组合图形，接着在功能区绘图工具的"格式"选项卡的"排列"面板中单击"组合对象"按钮 | "取消组合"按钮即可。

3. 添加文字

Microsoft Word 创建的每一个形状图形中都可以插入文字内容。右击要添加文字的形状图形，接着在弹出的快捷菜单中选择"添加文字"命令即可开始添加文字内容，如图 3-35 所示。

4. 形状大小与文字适配

在 Microsoft Word 中，可以让形状的大小根据内容文字的多少来自行调整，设置方法也很简单，首先选中需要设置的形状图像，右击，接着在弹出的快捷菜单中选择"设置形状格式"命令，如图 3-36 所示，在图形窗口右侧弹出"设置形状格式"对话框。

在"设置形状格式"对话框的"形状选项"选项卡中单击"布局属性"按钮，选中"根据文字调整形状大小"复选框和"形状中的文字自动换行"复选框，如图 3-37 所示。

图 3-35　添加文字命令操作

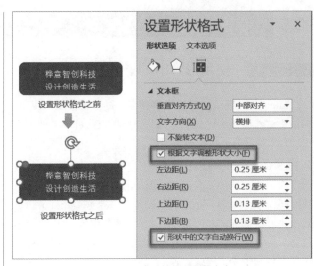

图 3-37　根据文字调整形状大小

图 3-36　设置形状格式

3.5.2　首字下沉

在编写图文搭配的文档时，有时需要对文档的首字进行首字下沉设置。

1）在功能区"插入"选项卡的"文本"面板中单击"添加首字下沉"按钮 ，如图 3-38 所示。

图 3-38　首字下沉

2）在下拉列表中选择"下沉"选项或"悬挂"选项。下沉效果如图 3-39 所示。

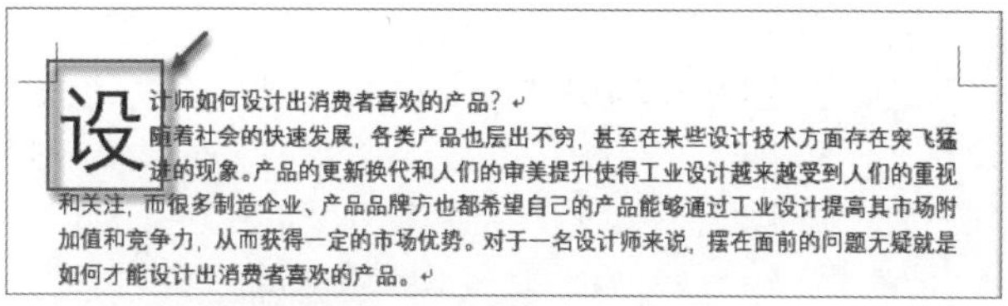

设
计师如何设计出消费者喜欢的产品？
随着社会的快速发展，各类产品也层出不穷，甚至在某些设计技术方面存在突飞猛进的现象。产品的更新换代和人们的审美提升使得工业设计越来越受到人们的重视和关注，而很多制造企业、产品品牌方也都希望自己的产品能够通过工业设计提高其市场附加值和竞争力，从而获得一定的市场优势。对于一名设计师来说，摆在面前的问题无疑就是如何才能设计出消费者喜欢的产品。

图 3-39　下沉效果

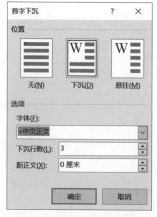

如果需要对下沉效果进行设置，那么在上述下拉列表中选择“首字下沉选项”选项，弹出“首字下沉”对话框，在对话框中设置“位置”方式为“无”“下沉”“悬挂”，以及设置“字体”“下沉行数”“距正文”等内容即可，如图 3-40 所示。

首字下沉
?
位置
W
W
无(N)
下沉(D)
悬挂(M)
选项
字体(F):
+中文正文
下沉行数(L):
3
距正文(X):
0 厘米
确定
取消

图 3-40　“首字下沉”对话框

3.6 案例操练

本章介绍两个综合案例：一个是招聘流程图；另一个是公司组织框架图。

3.6.1 招聘流程图

本小节接下来就结合前面所学的图形文字的插入知识，在 Microsoft Word 中制作一份关于公司招聘流程的图表。

1）首先创建一个空白的文本文档，接着在功能区“插入”选项卡中单击“插入艺术字”按钮，然后输入“招聘流程图”字样作为标题使用，再将艺术字居中对齐即可，如图 3-41 所示。

招聘流程图.docx - Word
登录
文件
开始
插入
设计
布局
引用
邮件
审阅
视图
帮助
Acrobat
格式
告诉我
共享
形状
插入形状
形状样式
快速样式
艺术字样式
文字方向
对齐文本
创建链接
文本
辅助功能
位置
下移一层
大小
嵌入文本行中
文字环绕
其他布局选项(L)...
招聘流程图

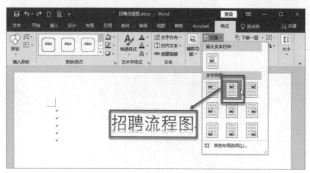

图 3-41　指定标题

2）插入标题之后就可以对整个框架进行架构，利用形状样式和箭头样式将大体结构展示出来，如图 3-42 所示。

3）右击第一个形状样式，在弹出的快捷菜单中选择“添加文字”命令，然后输入所需的文字。使用同样的方法，对每个形状样式的文字内容进行添加与编辑，参考效果如图 3-43 所示。

4）流程箭头上的文字可以搭配文本框进行编辑标注。插入文本框并进行内容填写，并将文本框的框线设置为“无框线”模式，参考效果如图 3-44 所示。

招聘流程图

图 3-42　流程框架

招聘流程图
用人部门
综合办审批需求
总经理审核

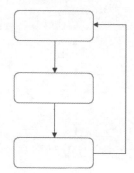

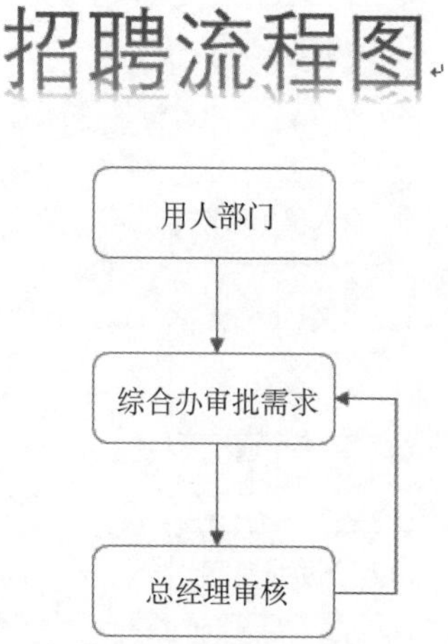

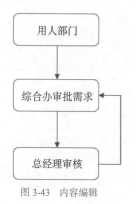

图 3-43　内容编辑

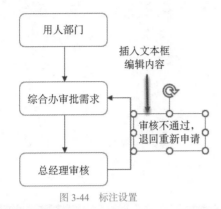

插入文本框
编辑内容

图 3-44　标注设置

6）整体框架做完之后，可以对形状样式进行设置，对界面进一步优化。首先选中所有的形状样式，将"填充"设置成渐变填充，然后将"线条"设置为"渐变线"，并附加一个"偏移、右下"的阴影。参考效果如图 3-46 所示。

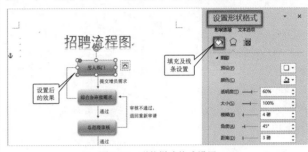

图 3-46　形状样式格式设置

5）利用上述方法将整个招聘流程图的框架结构制作完善，如图 3-45 所示。

调整完样式结构后大体的招聘流程图就完成了，效果如图 3-47 所示。

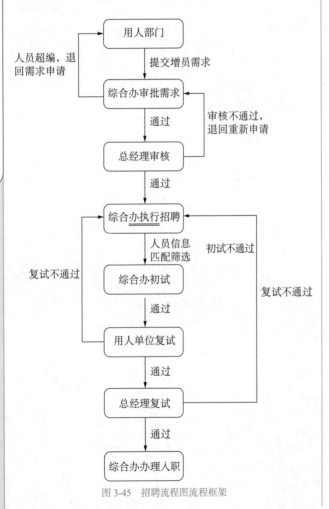

图 3-45　招聘流程图流程框架

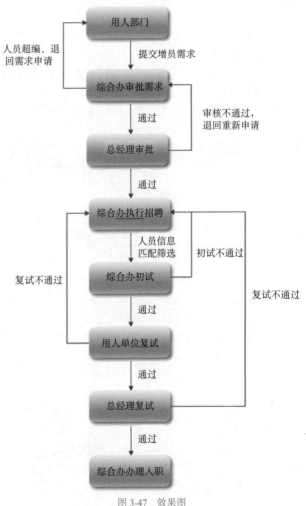

图 3-47　效果图

在 Microsoft Word 中创建组织架构图也很简单，利用 SmartArt 图形便可以轻松制作。

1）首先在功能区"插入"选项卡中单击"SmartArt"按钮，在弹出的对话框中选择"层次结构"选项，然后再选择"组织结构图"选项，单击"确定"按钮插入该图形，如图 3-48 所示。

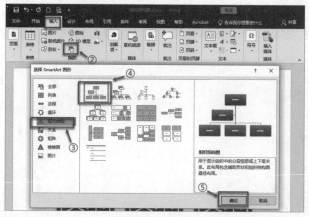

图 3-48　插入图形

2）随后在插入的图形结构中将模块框架制作完善，通过"添加形状"|"升级""降级"选项来完成框架的搭建，如图 3-49 所示。

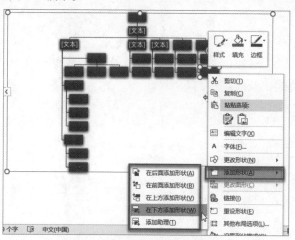

图 3-49　框架搭建

3）搭建完的框架会显得比较杂乱，可以通过设置组织结构图的布局来使页面显得更加清晰易懂，如图 3-50 所示。

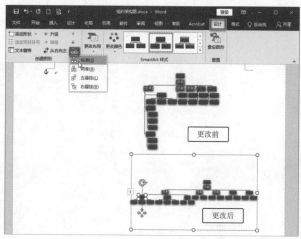

图 3-50　布局设置

4）设置完布局后，打开"文本窗口"，对图形内的文字内容进行统一编辑，如图 3-51 所示。

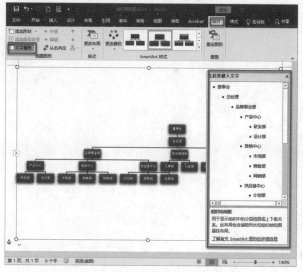

图 3-51　内容编辑

5）将内容编辑完整后便完成了整个公司组织架构图的制作，效果如图 3-52 所示。

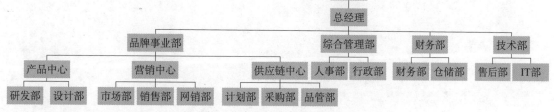

图 3-52　公司组织架构图的完成效果

第4章 玩转 Word 页面

◎ **本章导读：**

本章主要介绍如何在职场商务办公中玩转 Word 页面，具体内容包括页面设置技巧、封面应用、目录应用、分隔符与页眉页脚应用，以及专家点拨的相关知识及应用技巧等。

页边距是指文档编辑区中内容与纸张边缘的距离，适当调整页边距可以使文档内容与纸张边缘保持在一个合适的范围内，使页面更舒适整洁。

1）在功能区"布局"选项卡的"页面设置"面板中单击"页边距"按钮，如图 4-1 所示。

图 4-1 单击"页边距"按钮

2）在"页边距"下拉列表中选择合适的页边距大小即可完成设置，如图 4-2 所示。

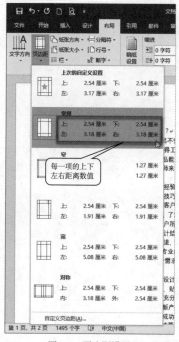

图 4-2 页边距设置

3）假设选择"常规"页边距选项，那么文档就会自动应用常规选项中所设定的上、下、左、右的页边距值。上、下、左、右页边距示意效果如图 4-3 所示。

如果对 Word 提供的页边距模板不满意，也可以手动设置每一个页边距的数值。其方法是：在功能区"布局"选项卡的"页面设置"面板中单击"页边距"按钮，接着在其下拉列表中选择"自定义页边距"选项，弹出"页面设置"对话框，在"页边距"选项卡中调整上、下、左、

右的页边距数值，还可以设置页边距应用于整篇文档还是应用于插入点之后，然后单击"确定"按钮即可完成设置，如图 4-4 所示。用户还可以更改页面的默认设置，如果想将当前页边距设为默认值，则单击"设为默认值"按钮，此更改操作将影响基于 NORMAL 模板的所有新文档。

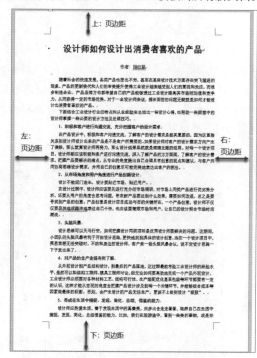

图 4-3 页边距示意效果

图 4-4 自定义页边距

4.1.2 设置纸张与文字方向

除了页边距的设置外，纸张的大小类型与横纵方向也是可以设置的。

在功能区"布局"选项卡的"页面设置"面板中单击"纸张方向"按钮，接着在其下拉列表中便可以设置纸张的纵向或者横向格式，如图4-5所示。

图4-5 设置纸张方向

纸张的大小类型也可以在功能区"布局"选项卡的"页面设置"面板中设置，即在"页面设置"面板中单击"纸张大小"按钮，接着在弹出的下拉列表中选择合适的纸张类型即可完成设置，如图4-6所示。

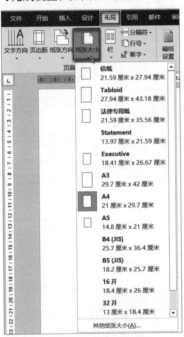

图4-6 设置纸张大小类型

4.1.3 设置文档网格

规划设置好页面的大体格局后，如果要精确到每一页的行数甚至每一行的字符数的控制，那就需要对文档网格进行设置。

1）在功能区"布局"选项卡的"页面设置"面板中单击"页面设置"面板右下角的对话框弹出按钮，如图4-8所示，此时系统弹出"页面设置"对话框。

用户也可以自定义文档或文本框中的文字方向。以自定义文档的文字方向为例，首先在功能区"布局"选项卡的"页面设置"面板中单击"文字方向"按钮，接着在弹出的下拉列表中选择文字方向的排版格式即可完成设置。如图4-7所示为设置文字方向为垂直排版示例。

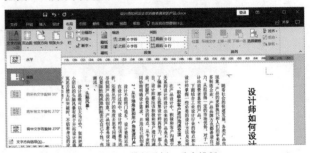

图4-7 排版示例：垂直排版

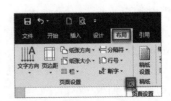

图4-8 在"页面设置"面板上进行操作

2）在"页面设置"对话框中单击"文档网格"选项

卡，接着设置文字排列的方向为"水平"或"垂直"，设置栏数，指定网格选项（如"无网格""指定行和字符网格""只指定行网格""文字对齐字符网格"）及其相应的参数，设置应用于整篇文档或插入点之后，还可以对绘图网格和字体进行设置，然后单击"确定"按钮。

例如，打开"页面设置"对话框后，从"文档网格"选项卡的"网格"选项组中选中"指定行和字符网格"单选按钮，接着在"字符数"选项组中设置每行的字符数和跨度参数，在"行"选项组中设置每页的行数是多少，其跨度参数又是多少，如图4-9所示，然后单击"确定"按钮。

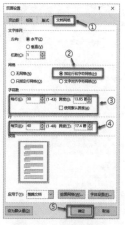

图 4-9　文档网格设置

4.1.4　设置页面背景

Microsoft Word 页面背景默认是白色的，允许用户对页面背景进行设置，如为背景添加颜色或者图案等。

在功能区"设计"选项卡的"页面背景"面板中单击"页面颜色"按钮，如图4-10所示，接着从打开的"页面颜色"下拉列表中选择主题颜色、标准色或其他颜色等。

图 4-10　页面颜色设置

如果不想要纯色背景，也可以在"页面颜色"下拉列表中选择"填充效果"选项，在弹出的"填充效果"对话框中对页面背景的填充效果进行设置，如图4-11所示。填充效果的填充类型可以是"渐变"、"纹理"、"图案"或"图片"。

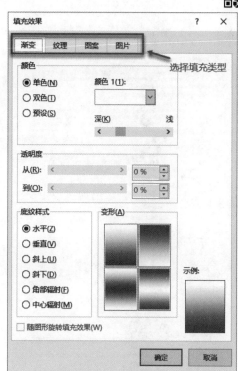

图 4-11　填充效果

4.1.5　设置水印

在 Microsoft Word 中可以对文档内容设置水印，以保护文档内容的安全性和警示性。水印设置的步骤如下。

1）在功能区"设计"选项卡的"页面背景"面板中单击"水印"按钮，打开"水印"下拉列表，如图4-12所示。该下拉列表提供了"机密1""机密2""严禁复制1""严禁复制2"和Office.com中的其他水印样式等。

2）在"水印"下拉列表中选择合适的水印样式即可。

例如，选择"严禁复制1"水印样式，从而在文档中以灰色斜排文字显示"严禁复制"水印，如图4-13所示。

如果对 Word 提供的水印样式不满意，也可以自定义水印样式，其方法是：在"水印"下拉列表中选择"自定义水印"选项，打开"水印"对话框，接着可以选择"无水印"、"图片水印"或"文字水印"单选按钮，并为各水印选项设置相应的内容，如图4-14所示。

图 4-12　单击"水印"按钮

图 4-13　水印效果

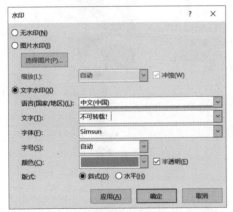

图 4-14　"水印"对话框

在自定义水印时，可以选择图片制作图片水印，参考效果如图 4-15 所示。

图 4-15　图片水印效果

读书笔记

4.2　封面的应用

在编辑文档的过程中，插入封面能使整个文档看起来更加正式、规范。在 Microsoft Word 中有各式各样的封面模板供用户选择，通过模板便可以更加快捷地制作封面。

首先在功能区"插入"选项卡的"页面"面板中单击

"封面"按钮，如图 4-16 所示。

图 4-16 插入封面的命令操作

接着在"封面"下拉列表中选择合适的封面模板，然后根据模板样式进行内容编辑即可，如图 4-17 所示。

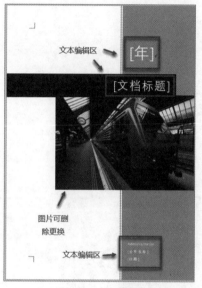

图 4-17 封面模板

如果对封面模板的排版方式不满意，也可以删除其中的模板，然后利用文本框和插入图片的形式来设计封面，如图 4-18 所示。

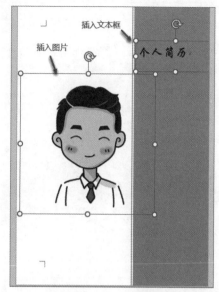

图 4-18 自定义封面

4.3 目录的应用

本节介绍的目录应用包括目录插入、目录编辑和目录更新这 3 个主要知识点。

4.3.1 插入目录

在 Microsoft Word 中可以自动生成文档目录，但是目录的内容是根据内容大纲级别来插入的，所以在插入目录之前，文档内容的大纲分级也是很重要的。

更改大纲级别的方法有两种：一种是利用 Microsoft Word 提供的相应项目样式进行修改；另一种是通过"添加文字"按钮进行修改。

1. 通过项目样式修改

在功能区"开始"选项卡的"样式"面板中单击对话框弹出按钮，如图 4-19 所示。

在右侧弹出的"样式"对话框中有许多的项目样式可以选择，将鼠标光标移动到指定项目样式上时便会弹出该样式的详细设置格式示例，如图 4-20 所示。其中，大纲级别"标题 1"就是设置为 1 级，而"标题 2""标题 3"就是 2 级、3 级，以此类推。

图 4-19 单击样式对话框弹出按钮

只要将不同级别的标题内容添加不同的样式即可快速完成大纲的分级。样式的大纲级别也是可以修改的，操作步骤如下。

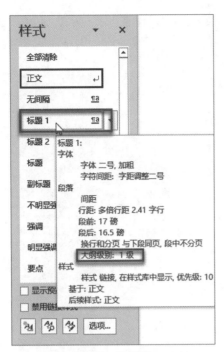

图 4-20　样式设置

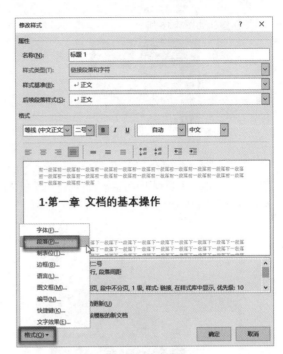

图 4-22　格式设置

1）在"样式"对话框中单击相应项目样式右侧的下拉菜单按钮，接着选择"修改"选项，如图 4-21 所示。

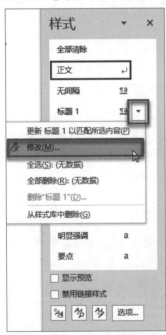

图 4-21　修改样式

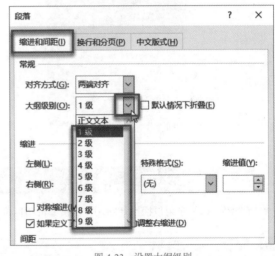

图 4-23　设置大纲级别

2. 通过"添加文字"按钮修改

除了通过项目样式来设置标题的大纲级别外，也可以用"添加文字"按钮来调整。首先选中要更换大纲级别的标题内容，在功能区"引用"选项卡的"目录"面板中单击"添加文字"按钮，然后在其下拉列表中选择大纲级别便可快速设置，如图 4-24 所示。

设置完大纲级别后，就可以开始插入目录了。在功能区"引用"选项卡的"目录"面板中单击"目录"按钮，然后在下拉列表中选择一个内置目录选项，如选择"自动目录 1"选项，如图 4-25 所示，则系统自动生成的目录便会根据前面所设置的大纲级别进行分层，效果如图 4-26 所示。

2）在弹出的"修改样式"对话框中单击左下角的"格式"按钮，再选择"段落"选项，如图 4-22 所示。

3）系统弹出"段落"对话框，在"缩进和间距"选项卡的"常规"选项组中单击"大纲级别"的下拉菜单按钮，便可以设置该字体样式的大纲级别，如图 4-23 所示。

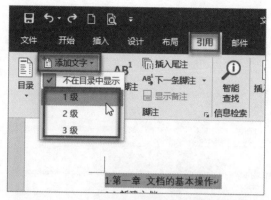

图 4-24 添加文字

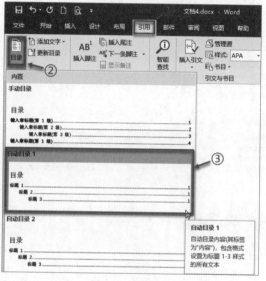

图 4-25 自动目录

目录

第一章 文档的基本操作 1
1.1 新建文档 1
1.2 编辑文档 1
1.2.1 文字输入 1
1.2.2 日期与时间输入 1
1.3 文本操作 1
1.3.1 文本的选择 1
1.3.2 文本的复制、剪切以及粘贴 1
1.3.3 查找和替换 1
1.3.4 文本的删除 1
1.4 使用文档视图 1
1.4.1 页面视图 1
1.4.2Web 版式视图 1
1.4.3 大纲视图 1
1.4.4 草稿视图 2
1.4.5 自定义视图比例 2
1.5 保护文档 2
1.5.1 只读模式 2
1.5.2 加密模式 2
1.5.3 强制保护模式 2
1.5.4 最终状态标记 2
1.6 保存文档 2
1.6.1 保存 2
1.6.2 另存为 2

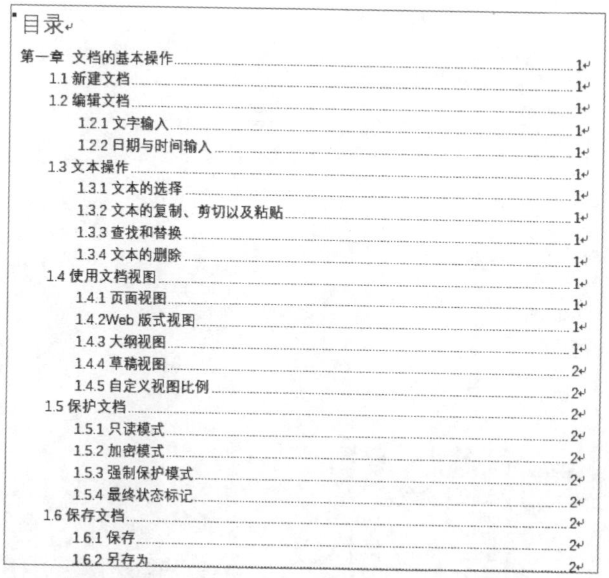

图 4-26 目录效果

读书笔记

4.3.2 编辑目录

如果对 Word 提供的自动目录的样式不满意，也可以针对目录中的文字和段落等格式进行设置。

1）在功能区“引用”选项卡的“目录”面板中单击“目录”按钮，接着在其下拉列表中选择“自定义目录”选项，如图 4-27 所示。

2）系统弹出“目录”对话框，切换至“目录”选项卡，在“常规”选项组的“格式”下拉列表框中可以选择目录整体的风格样式，如图 4-28 所示。

3）设置好格式之后，单击“修改”按钮后会弹出一个“样式”对话框，选择需要更改的目录级别，然后单击“修改”按钮，如图 4-29 所示。

4）随后在弹出的“修改样式”的对话框中可以对该级目录的字体格式进行设置，如果想要进行更多的设置，可以单击左下角的“格式”按钮进行设置，最后单击“确定”按钮即可完成设置，如图 4-30 所示。

图 4-27 自定义目录

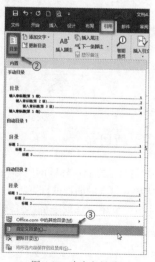

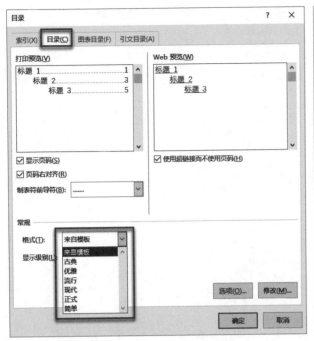

图 4-28 格式设置

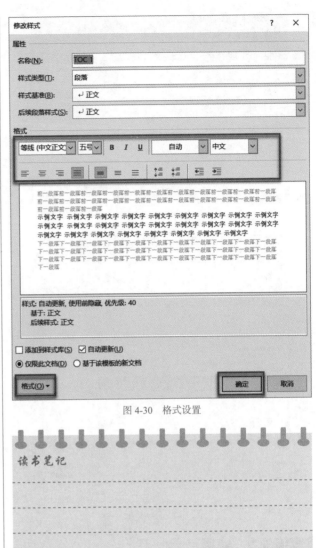

图 4-30 格式设置

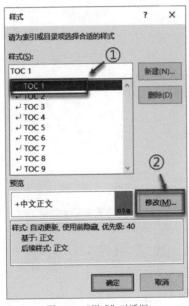

图 4-29 "样式"对话框

4.3.3 更新目录

如果在添加完目录之后，标题的内容在后续的编辑中有所改动，就需要对目录的明细进行更新，操作步骤如下。

1）在功能区"引用"选项卡的"目录"面板中单击"更新目录"按钮，如图 4-31 所示。

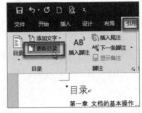

图 4-31 更新目录

2）在弹出的"更新目录"对话框中选中"更新整个目录"单选按钮，如图4-32所示，然后单击"确定"按钮即可。

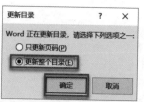

图4-32 "更新目录"对话框

4.4 分隔符与页眉页脚的应用

本节应用知识主要包括分隔符插入、页眉页脚插入、页码插入和分栏页码应用技巧。

4.4.1 插入分隔符

当文档内容超过单页纸张的字符限制后，文档便会插入一个分页符，将后续的文本内容以新的一页展开。

在编辑过程中，如果未超过纸张字符限制但是想另起一页时，也可以通过插入分隔符来强制分页。

分隔符分两种：一种是分页符；另一种是分节符。

1.分页符

分页符是将光标前后的文本内容进行分页的一种符号。

首先将光标定位在需要插入分页符的位置，接着在功能区"布局"选项卡的"页面设置"面板中单击"分隔符"按钮，如图4-33所示。

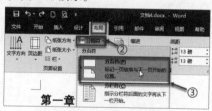

图4-33 插入分页符

插入分页符后，光标所在位置后面的文本内容就会出现在下一页空白页中，效果如图4-34所示。

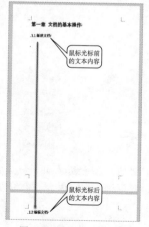

图4-34 应用分页符效果

注　意

将所有的标题进行分页排版后，目录的页码需要手动更新才能进行对应更新，选中目录后单击"更新目录"按钮，然后在"更新目录"对话框中选中"只更新页码"单选按钮，如图4-35所示。

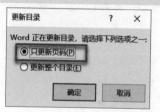

图4-35 更新页码设置

更新后的效果如图4-36和图4-37所示。

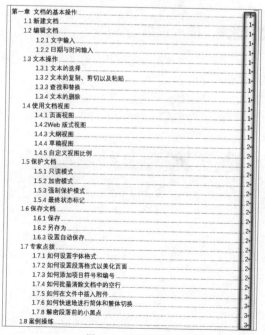

图4-36 目录更新前

图 4-37　目录更新后

2. 分节符

分节符可以在同一页中将文本内容进行分节。其操作方法很简单，首先将光标定位在需要分节的位置，然后在功能区"布局"选项卡的"页面设置"面板中单击"分隔符"按钮，如图 4-38 所示。

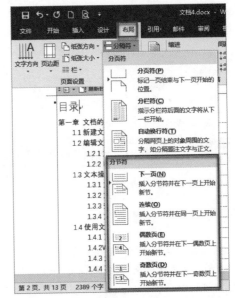

图 4-38　插入分节符

分节符与分页符的区别如下。

● 分节符是将内容进行分节，内容可以在同一页也可以在下一页。

● 分页符是将内容进行前后分页，分页后，分页符前后的内容出现在不同页中。

这两者的区别更多体现于页眉页脚和页面的设置中，如果是文档中单独几页需要设置成不同的纸张或者不同的页边距等，那就需要插入分节符将其设置为单独的一节。如果是首页及目录的页眉页脚等设置要与正文区分开，那么也要利用分节符将首页、目录及正文区分成不同的节。

4.4.2　插入页眉、页脚

页眉、页脚经常被作为每一页的附加信息，通过插入页眉、页脚可以快速地在每一页中插入信息。首先在功能区"插入"选项卡的"页眉和页脚"面板中单击"页眉"按钮／"页脚"按钮，如图 4-39 和图 4-40 所示，然后为页眉／页脚选择一种样式。

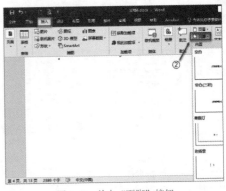

图 4-40　单击"页脚"按钮

插入页眉、页脚后便会进入页眉、页脚的编辑模式，在页眉和页脚中既可输入文字内容，也可以插入图片，如图 4-41 所示。

图 4-39　单击"页眉"按钮

Word/Excel/PPT 2019 商务办公完全自学手册

图 4-41　编辑页眉

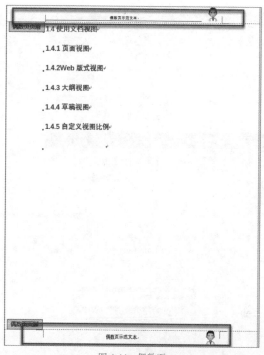

图 4-44　偶数页

由于印刷的原因，往往要求奇偶页的页眉页脚有所不同，这样才能使印刷出来的信息在同一侧显示。奇偶页不同设置方法：首先在页眉处双击以进入编辑模式，在功能区"设计"选项卡的"选项"面板中选中"奇偶页不同"复选框，并单击"链接到前一条页眉"按钮取消链接，即可将奇偶页的页眉页脚进行分开设置，如图 4-42 所示。

图 4-42　奇偶页不同设置

示例效果如图 4-43 和图 4-44 所示。

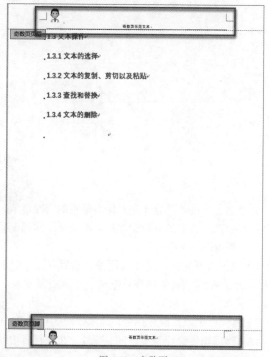

图 4-43　奇数页

4.4.3　插入页码

为了配合目录来浏览文档内容，页码的插入也显得极其重要。

1）在功能区"插入"选项卡的"页眉页脚"面板中单击"页码"按钮▣，如图 4-45 所示。

2）在下拉列表中选择页码插入的位置后再选择页码的样式即可完成插入，如图 4-46 所示。

3）如果对 Word 自带的页码格式不满意，也可以在上述下拉列表中选择"设置页码格式"选项，接着在弹出的"页码格式"对话框中设置页码的格式，如图 4-47 所示。

读书笔记

图 4-45　页码插入

图 4-46　页码样式

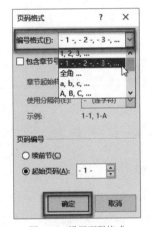

图 4-47　设置页码格式

4.4.4　分栏页码应用技巧

在 Word 中，可以根据排版要求将一页的内容分成两栏、三栏或更多栏，其方法是：在功能区"布局"选项卡的"页面设置"面板中单击"栏"按钮 ，如图 4-49 所示，接着选择"一栏"、"二栏"或"三栏"等选项。

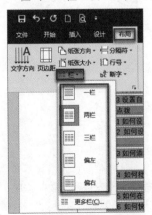

图 4-49　分栏

设置好后需要再次更新目录，目录中的页码就会跟所设置的页码格式一致了，如图 4-48 所示。

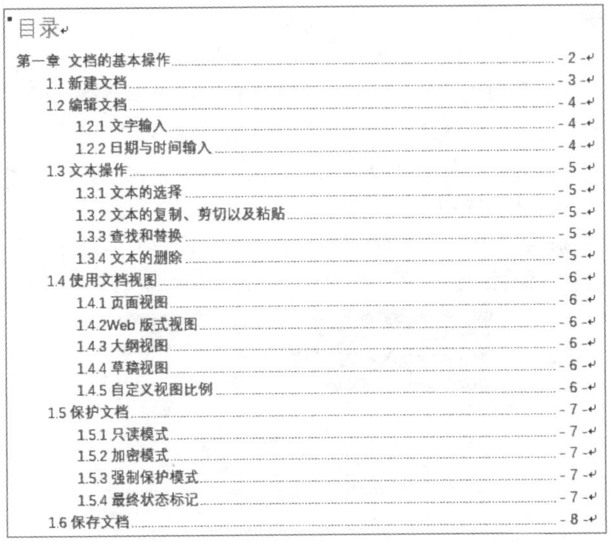

图 4-48　页码格式效果

读书笔记

分栏之后，页码部分还是默认为单页的情况显示，而不是每一栏都有各自的页码，如果需要给每一栏都设置页码，可以利用代码的形式来完成。

1）首先将原先插入的页码删除，然后双击页脚部分进入编辑模式，并取消选中"奇偶页不同"复选框，如图 4-50 所示。

2）将光标定位在前一栏处，连续按两次 Ctrl+F9 快捷键，在页脚编辑处会出现"{{}}"符号，在该符号中输入"{={page}*2-1}"，如图 4-51 所示。

3）将代码输入后，在代码处右击，接着在弹出的快捷菜单中选择"切换域代码"命令，即可完成前一栏页码的插入，如图 4-52 所示。

4）设置完前一栏的页码后，将光标定位在后一栏的页脚处，连续按两次 Ctrl+F9 快捷键，然后在该符号中输入"{={page}*2}"，如图 4-53 所示。

Word/Excel/PPT 2019 商务办公完全自学手册

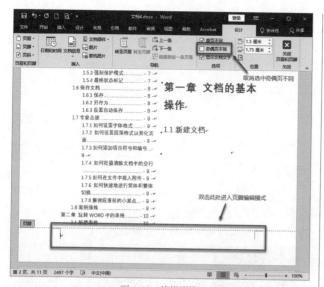

图 4-50　编辑页脚

图 4-51　输入代码（1）

图 4-52　切换域代码

图 4-53　输入代码（2）

5）将代码输入后，在代码处右击，接着在弹出的快捷菜单中选择"切换域代码"命令，即可完成后一栏页码的插入，设置完成后的效果如图 4-54 所示。

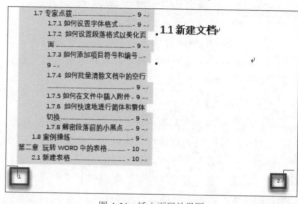

图 4-54　插入页码效果图

如果分为 X 栏，只需要将代码改为 "{={page}*X–1}" 和 "{={page}*X}" 即可计算出相应页码。

如果是分成三栏，则需要将代码改为 "{={page}*3–2}" "{={page}*3–1}" 和 "{={page}*3}" 即可，以此类推即可算出多栏的代码形式。

读书笔记

4.5　专家点拨

4.5.1　删除页眉中的横线

Microsoft Word 在插入页眉的时候，会自动在页眉下方附带一条横线，如果不需要使用该横线，删除的方法也很简单。

首先在页眉处双击，进入页眉编辑模式，接着按 Alt+A 快捷键全选页眉内容，在功能区"开始"选项卡的"段落"面板中单击"边框"按钮，在下拉列表中选择"无框线"选项即可隐藏该横线，如图 4-55 所示。

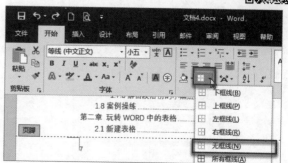

图 4-55　隐藏横线

设置前后的效果分别如图 4-56 和图 4-57 所示。

图 4-56 隐藏前

图 4-57 隐藏后

4.5.2 Word 的打印设置技巧

利用 Microsoft Word 打印文档的时候，根据自身需求不同对打印的要求也会有所不同，那么就需要对打印进行相关设置来满足用户需求。

1. 只打印指定页码

在打印文档时，有时候不需要对整份文档进行打印，而是只打印某几页的内容即可，此时只要单击功能区"文件"选项卡，接着在弹出的菜单列表中选择"打印"选项后，在"设置"选项组的"页数"文本框中填上所需要打印的页码范围，再单击"打印"按钮 即可完成指定页码的打印，如图 4-58 所示。

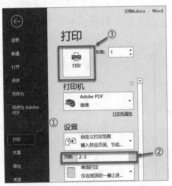

图 4-58 指定页码打印

如果不是连续页码，就需要手动输入每一页的页码，页码中间用逗号作为间隔，如图 4-59 所示。

图 4-59 非连续页码输入

如果是单独某几页和连续的页码一起打印，就输入单独的页码和连续的页码范围，如图 4-60 所示。

图 4-60 非连续和连续页码输入

2. 双面打印

打印文档时，为了节省纸张，通常用户都会选择双面打印，在"设置"选项组的打印方式下拉列表中选择合适的双面打印格式即可，如图 4-61 所示。

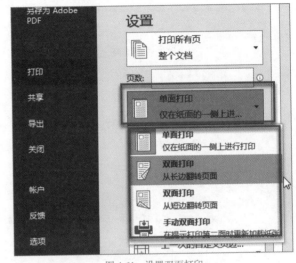

图 4-61 设置双面打印

3. 指定某个区域打印

如果只针对某一页中的某个区域进行打印，首先选中需要打印的文本内容，接着在功能区单击"文件"选项卡，在菜单列表中选择"打印"选项，然后在"设置"选项组中单击"打印所有页"，然后在下拉列表中选择"打印选定区域"选项，如图 4-62 所示。

图 4-62 打印选定区域

Word/Excel/PPT 2019 商务办公完全自学手册

4. 其他信息的打印

如果希望在打印过程中将文档中的属性列表、批注等附加信息一起打印出来，则首先在功能区"文件"选项卡中选择"打印"选项，接着在"设置"选项组中单击"打印所有页"按钮，在下拉列表的"文档信息"栏中选择所需要的信息，如图 4-63 所示。

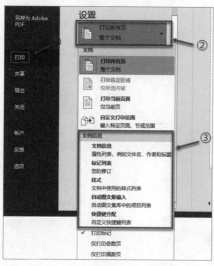

图 4-63 设置打印相关信息

5. 隐藏内容的打印设置

在打印试题等相关文档时，通常会将试题答案进行隐藏，打印的时候可以设置是否打印隐藏字体，这样便于教学者打印答案卷。

首先在功能区"文件"选项卡中选择"选项"选项，接着在弹出的"Word 选项"对话框中选择"显示"选项，再在"打印选项"选项组中选中"打印隐藏文字"复选框即可完成设置，如图 4-64 所示。

6. 后台打印设置

如果想在打印过程中依旧能对文档内容进行编辑，那么就需要在 Word 选项中设置后台打印。

4.5.3 目录页与正文页不同的页码设置

插入页码后，如果想要将目录页和正文页以各自序列的页码排序，那么便需要插入分节符来区分目录与正文，然后再各自进行页码编排。

1）先在功能区"插入"选项卡的"页眉页脚"面板中单击"页码"按钮，选择合适的页码类型插入，如图 4-66 所示。

2）在正文页的开始处插入一个分节符，如图 4-67 所示。

首先在功能区"文件"选项卡中单击"选项"选项，然后在弹出的"Word 选项"对话框中选择"高级"选项，再在"打印"选项组中选中"后台打印"复选框即可完成设置，如图 4-65 所示。

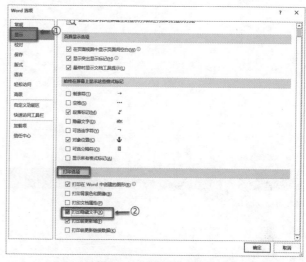

图 4-64 设置打印隐藏文字

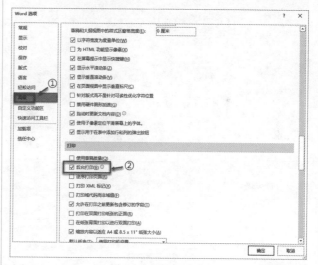

图 4-65 设置后台打印

分节符插入后，目录页与正文页就会分成两节，如图 4-68 所示。

3）在正文第一页的页脚处双击，在功能区"设计"选项卡的"页眉页脚"面板中单击"页码"按钮，接着选择一个合适的页码位置插入页码，再在下拉列表中选择"设置页码格式"选项，随后在弹出的"页码格式"对话框中设置页码的编号格式，并在"起始页码"文本框中输入"1"，即可完成新一节的页码插入，如图 4-69 所示。

图 4-66 按设定页码类型插入页码

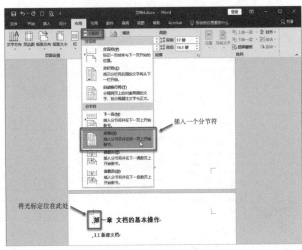

图 4-67 插入分节符

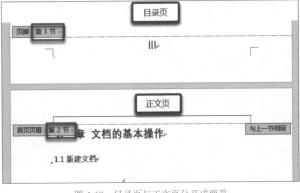

图 4-68 目录页与正文页分开成两节

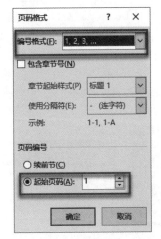

图 4-69 设置页码

设置完后目录页与正文页的页码就可以分开了，如图 4-70 所示。

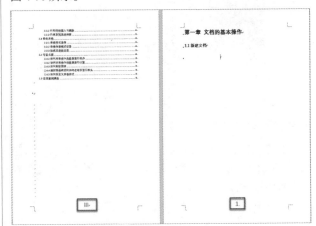

图 4-70 目录页与正文页不同页码设置后的效果

读书笔记

4.6 案例操练

4.6.1 公司章程模板案例

本小节介绍一个综合案例，即如何制定公司章程模板，具体的操作步骤如下。

1）创建一个空白文档，接着在文档编辑区输入公司章程的相关文案，如图 4-71 所示。

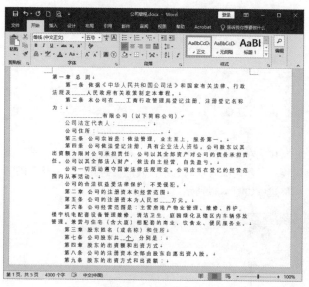

图 4-71　文档输入

2）由于需要制作目录，首先要将每一章节及章节内容分开级别，所以需要对每一章节赋予大纲级别一级。选中每一章的标题并添加样式"标题 1"，如果觉得字体过大，可以适当修改样式内的字体格式即可，如图 4-72 所示。

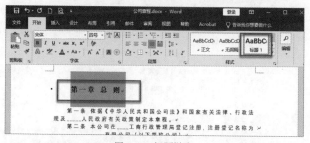

图 4-72　标题样式

3）选中正文部分，添加文字样式"正文"，如图 4-73 所示。

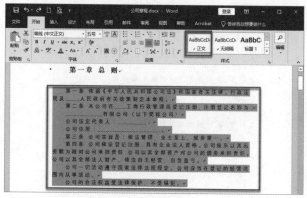

图 4-73　正文样式

4）接下来对页面的格式进行规范，首先对页面的页边距进行设置，如图 4-74 所示。

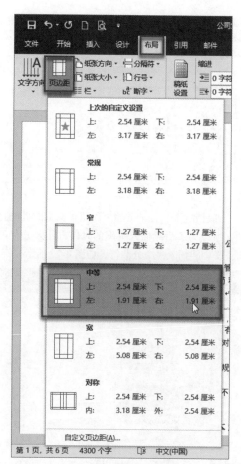

图 4-74　页边距设置

5）如果觉得单个页面文字太多，可以再对页面的网格进行设置，如图 4-75 所示。

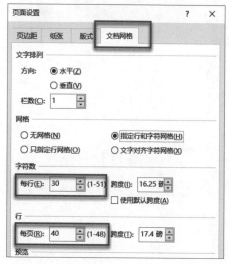

图 4-75　文档网格设置

6）接下来就可以插入目录了。由于前面已经设置好了大纲级别，所以只需要插入自动目录就可以生成相应的目录明细，如图 4-76 所示。

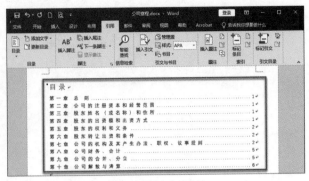

图 4-76　插入自动目录

7）一般情况下，目录页的页码跟正文页的页码是分开统计的，所以为了后续插入页码的时候方便区分，可以在目录与正文中间插入一个分节符，如图 4-77 所示。

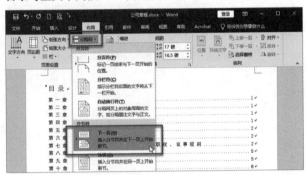

图 4-77　插入分节符

8）插入完目录之后，就可以开始进行封面的插入与设计了。由于是公司章程这种比较正规的文件，可以选择一个比较规范的封面格式，如图 4-78 所示。

图 4-78　插入封面

9）接下来就可以开始对页眉页脚进行设置了。首先在

页眉处双击进入编辑模式，然后输入文本即可，如图 4-79 所示。

图 4-79　设置页眉

10）在页脚部分插入页码。在目录页双击页脚进入编辑模式，然后插入罗马数字样式的页码并适当调整页码字体格式，如图 4-80 所示。

图 4-80　目录页页码

11）由于前面已经将目录页与正文页进行分节，所以正文页开始的文档是没有自动插入页眉及页码的，因此需要再次插入页眉及页码，正文页的页码大多数是以阿拉伯数字的形式来显示的，如图 4-81 所示。

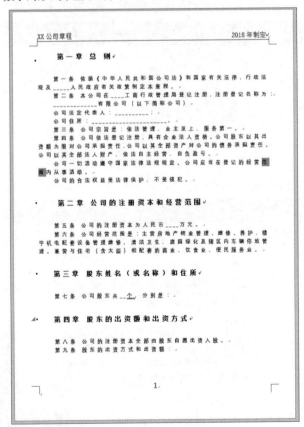

图 4-81　正文页页眉页码

12）插入完页眉和页码之后，目录页的目录需要再次手动更新。选中目录后按 F9 键，在弹出的"更新目录"对话框中选中"只更新页码"单选按钮，单击"确定"按钮，即可完成目录的更新，如图 4-82 所示。

通过上述设置，便可以完成一份简单的公司章程的制作，效果如图 4-83 所示。

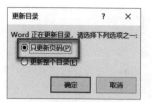

图 4-82　更新目录页码

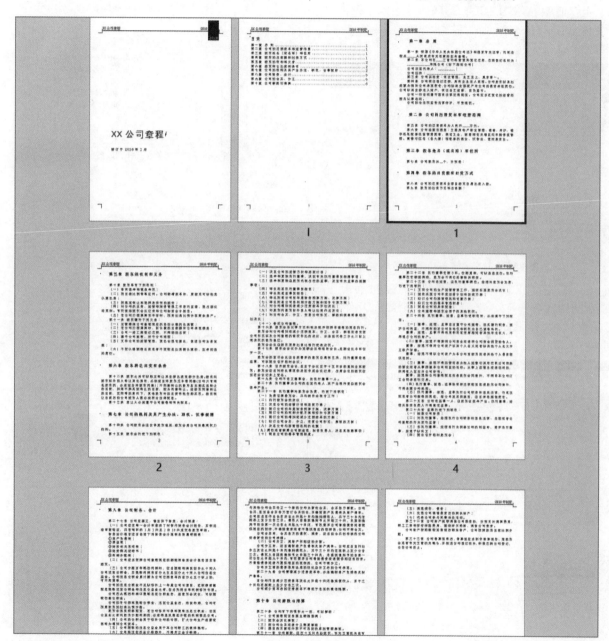

图 4-83　效果示意图

4.6.2　产品企业标准规范文件的制作

产品企业标准需要根据 GB/T 1.1—2009《标准化工作导则 第 1 部分：标准的结构和编写》的要求编制，此类企业标准将作为产品设计、组织生产和质量监督检验的依据。本节介绍关于产品企业标准规范文本制作的一个实践案例，其操作步骤如下。

1）首先打开配套的原始 Word 文档"桦意智创线控耳机企业标准初始文案 .doc"，该文档包含未经过文字排版的前言内容和正文内容，并没有对相关内容设置相应的样式。

2）对前言部分的文字进行排版。为"前言"两字设置"标题 1"样式，采用黑体，字号大小为"三号"，居中对齐；前言正文内容字号为五号，其中中文字体为宋体，西文字体为 Times New Roman，字号大小为"五号"，参考效果如图 4-84 所示。

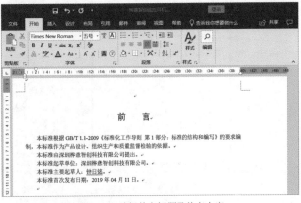

图 4-84　编辑前言标题及前言内容

3）对文案的正文内容进行编辑。为标题"1 范围""2 规范性引用文件"等文字选择"标题 2"样式，字体为五号黑体，并为标题文字行设置段落行距为"1.5 倍"，如图 4-85 所示。

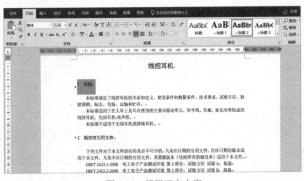

图 4-85　编辑正文内容

操作技巧

在文档中选择"1 范围"文字，右击并从弹出的快捷菜单中选择"段落"命令，如图 4-86 所示，弹出"段落"对话框，在"行距"下拉列表框中选择"1.5 倍行距"选项，然后单击"确定"按钮，如图 4-87 所示。确保选中设置了行距的"1 范围"文字行，单击"格式刷"按钮，接着选择要应用该复制格式的内容，如选择"2 规范性引用文件"。

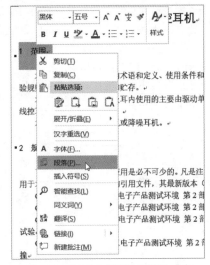

图 4-86　右击对象并选择"段落"命令

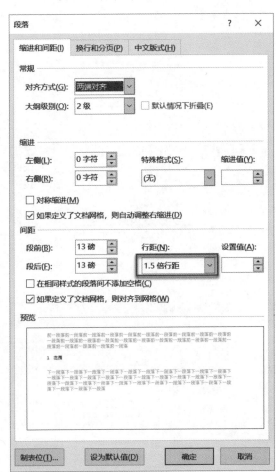

图 4-87　"段落"对话框

4）使用同样的方法，可以为文档中的相关文字设置相应的应用样式。在功能区"视图"选项卡的"显示"面板中选中"导航窗格"复选框，打开导航窗格进行快速操作，如图 4-88 所示。

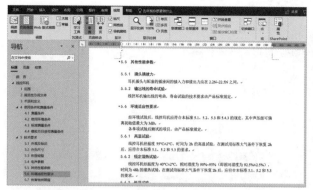

图 4-88　为相关内容应用样式等（启用了导航窗格）

5）在文档开头添加一页作为封面页，封面页设计的内容效果如图 4-89 所示。

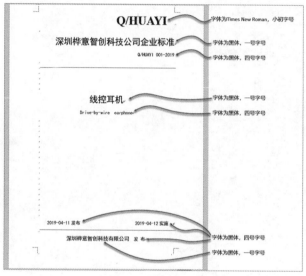

Q/HUAYI　字体为Times New Roman，小初字号

深圳桦意智创科技公司企业标准　字体为黑体，一号字号

Q/HUAYI 001-2019　字体为黑体，四号字号

线控耳机　字体为黑体，一号字号

Drive-by-wire earphone　字体为黑体，四号字号

2019-04-11 发布　　　2019-04-12 实施

深圳桦意智创科技有限公司 发 布　字体为黑体，四号字号

字体为黑体，一号字号

图 4-89　设置封面页

6）添加页眉。在功能区"插入"选项卡的"页眉和页脚"面板中单击"页眉"|"编辑页眉"选项，接着在页眉和页脚工具的"设计"选项卡上，从"选项"面板中选中"首页不同"复选框和"显示文档文字"复选框，并注意设置顶部页眉的位置，如图 4-90 所示。将首页的页眉设置为空，非首页的页眉文字为"Q/HUAYI 001-2019"，采用五号黑体，最右侧对齐放置，并按照前面小节介绍的方法删除页眉中的横线。

图 4-90　使用页眉和页脚工具

7）在页脚区域插入页码，注意正文和前言内容之间要分开，页码符号和页码序号的编排是各自独立的。

8）在前言页前面插入一个空白页，该页将作为"目

次"页，自动生成所需的目录（可进行适当调整），如图 4-91 所示。

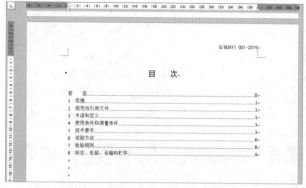

Q/HUAYI 001-2019

目　次

图 4-91　插入一页作为"目次"页

9）添加水印。在功能区"插入"选项卡的"页面背景"面板中单击"水印"|"自定义水印"选项，弹出"水印"对话框，选择"文字水印"单选按钮，在"文字"文本框中输入"桦意智创企业标准"，字体选择"黑体"，字号为自动，如图 4-92 所示，然后单击"确定"按钮，添加水印后的效果如图 4-93 所示。

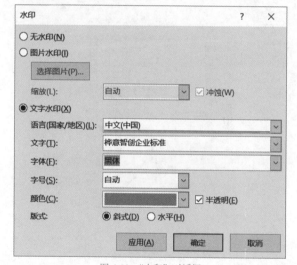

图 4-92　"水印"对话框

图 4-93　添加水印

本节主要介绍两个自学扩展小技巧：一个是带圈字符；另一个是自定义项目符号。

4.7.1 带圈字符

在 Word 中可以为文本内容加上外框进行特殊化处理。首先选中需要加圈的文本内容，接着在功能区"开始"选项卡的"字体"面板中单击"带圈字符"按钮 ⓩ，如图 4-94 所示，系统弹出"带圈字符"对话框。

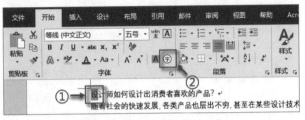

图 4-94　进行带圈字符的命令操作

在"带圈字符"对话框中设置"样式""文字""圈号"内容，如图 4-95 所示，然后单击"确定"按钮。

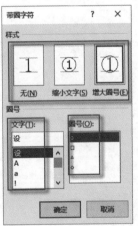

图 4-95　带圈字符设置

4.7.2 自定义项目符号

除了 Word 中提供的项目符号之外，用户也可以自定义设置项目符号的类型，其方法如下。

1）在功能区"开始"选项卡的"段落"面板中单击"项目符号"按钮 ☰ 旁的下三角按钮 ▾，接着选择"定义新项目符号"选项，如图 4-97 所示。

2）在"定义新项目符号"对话框中单击"图片"按钮，如图 4-98 所示，弹出"插入图片"对话框。

3）在"插入图片"对话框中单击"浏览"按钮，如

设置效果如图 4-96 所示。

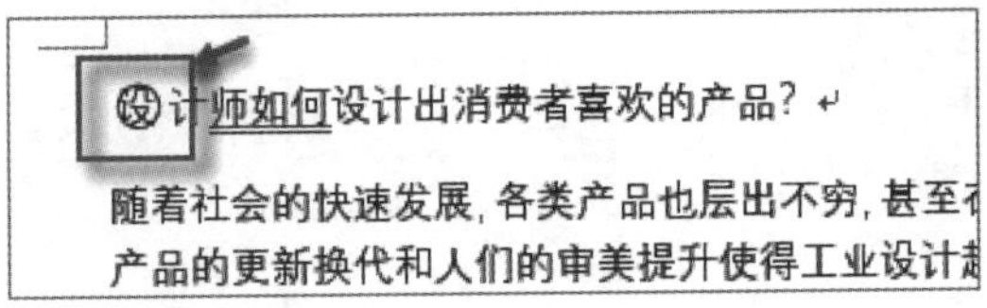

设计师如何设计出消费者喜欢的产品？

随着社会的快速发展，各类产品也层出不穷，甚至在产品的更新换代和人们的审美提升使得工业设计越

图 4-96　设置效果

由于带圈字符一次只能设置一个文字，所以用户需要逐个进行设置。

读书笔记

图 4-99 所示，此时系统打开一个"插入图片"窗口。

4）在"插入图片"窗口中选择图片文件，如图 4-100 所示，接着单击"插入"按钮，然后在弹出的"定义新项目符号"对话框中单击"确定"按钮即可完成。

自定义的新项目符号将出现在项目符号库中，如图 4-101 所示，从项目符号库中选择它，即可在文档中应用此项目符号，示例效果如图 4-102 所示。

Word/Excel/PPT 2019 商务办公完全自学手册

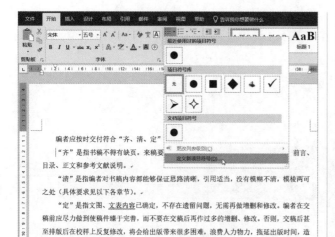

图 4-97 定义项目符号

图 4-98 "定义新项目符号"对话框

图 4-99 "插入图片"对话框

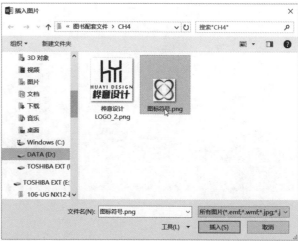

图 4-100 "插入图片"窗口

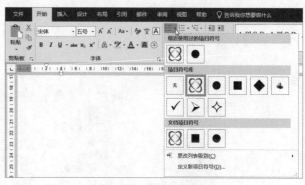

图 4-101 自定义的新项目符号出现在项目符号库中

图 4-102 应用自定义项目符号的示例

第**5**章

玩转 Word 审阅及其他

◎ **本章导读:**

本章主要介绍 Word 的审阅功能及其他一些功能,主要包括:检查拼写和语法,批注插入,题注、脚注和尾注插入,在文档中使用书签与超链接等。

在用 Microsoft Word 编辑文档的过程中，某些词组下面会出现蓝色的双下画线，那就表示该处词组可能有语法或者拼写上的错误，如图 5-1 所示。

图 5-1 双下画线

将鼠标移动到带有双下画线的词组上，右击，在弹出的快捷菜单中会出现修改建议和"忽略"选项，如图 5-2 所示。

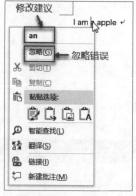

图 5-2 修改建议

如果 Microsoft Word 在下拉菜单中提供了修改建议，那单击该建议即可纠正错误并取消双下画线，结果如图 5-3 所示。

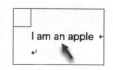

图 5-3 纠正后

在默认情况下，Microsoft Word 会自动对文本内容进行拼写和语法的纠错，如果想要对纠错类型进行设置，则可以在"Word 选项"对话框中进行设置。首先在功能区单击"文件"选项卡，接着选择"选项"命令，系统弹出"Word 选项"对话框，在该对话框中选择"校对"选项，接着在右侧区域设置相应的校对选项，如图 5-4 所示。例如，选中"忽略全部大写的单词"复选框、"忽略包含数字的单词"复选框、"忽略 Internet 和文件地址"复选框、"标记重复单词"复选框、"键入时检查拼写"复选框、"键入时标记语法错误"复选框、"经常混淆的单词"复选框及"随拼写检查语法"复选框等，设置完校对选项后单击"确定"按钮。

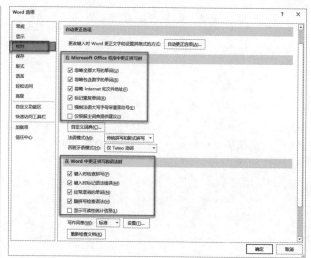

图 5-4 校对设置

编辑完文本内容后，如果想要检查全文的拼写和语法错误，那么可以在功能区"审阅"选项卡的"校对"面板中单击"拼写和语法"按钮，如图 5-5 所示。

图 5-5 拼写和语法检查

单击"拼写和语法"按钮后会在右侧出现一个"校对"对话框，在第一个文本框中会显示可能出现错误的段落，如果有修改建议，会在第二个文本框中显示。如果该处由系统判断可能出现的错误，用户觉得没问题，那么可以单击"忽略"按钮，如图 5-6 所示。

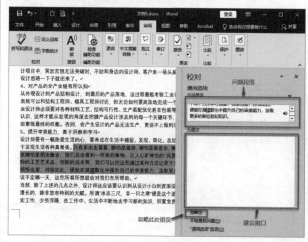

图 5-6 拼写和语法校对

校对完全部的拼写和语法后，Word 会弹出一个检查完成的对话框，如图 5-7 所示。

图 5-7　检查完成

　　用户检查完拼写和语法后，若再次单击"拼写和语法"按钮，便不会再弹出"校对"对话框，而是直接提示已完成检查，如果想要重新检查一遍，就需要在设置中重置检查，方法如下。

　　在功能区"文件"选项卡中选择"选项"命令，弹出"Word 选项"对话框，在左窗格中选择"校对"选项，接着在右部区域单击"重新检查文档"按钮即可完成重置，

如图 5-8 所示。

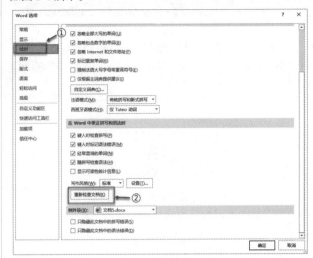

图 5-8　重置检查

5.2 ▶ 插入批注

　　若用户在审阅文档时发现了文本内容有错误，并且需要提出修改意见时，那么可以通过插入批注的方式来提醒作者对此处进行修改。

　　1）首先选中需要修改的文本内容，接着在功能区"审阅"选项卡的"批注"面板中单击"新建批注"按钮，如图 5-9 所示。

图 5-9　单击"新建批注"按钮

　　新建批注后会在右侧出现批注栏，如图 5-10 所示。

图 5-10　批注栏

　　2）在批注栏中写入相应的修改意见即可，效果如图 5-11 所示。

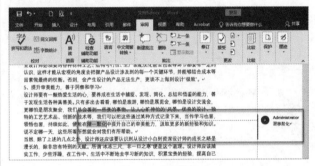

图 5-11　批注效果

读书笔记

5.3 ▶ 插入题注、脚注及尾注

5.3.1　插入题注

　　题注是在图片下方插入一小段文本内容来对图片进行标记和描述的工具，在实际应用中，合理地插入题注，将有助

于引导读者对图文进行有效地阅读。

1）首先选中一张需要插入题注的图片，接着在功能区"引用"选项卡的"题注"面板中单击"插入题注"按钮 ，如图 5-12 所示。

插入之后就会在图片下面添加上刚刚设置的题注信息，如图 5-14 所示。

图 5-12　插入题注

2）在弹出的"题注"对话框中选择合适的标签或者新建标签，然后选择合适的编号类型，最后单击"确定"按钮即可完成插入。在"题注"对话框上的操作示例如图 5-13 所示。

图 5-13　"题注"对话框

图 5-14　题注效果

5.3.2　插入脚注

脚注是在每页末尾处对文章内容的注释，可以作为文章内容的一个补充说明。

1）首先将光标定位在需要注释的内容末端，在功能区"引用"选项卡的"脚注"面板中单击"插入脚注"按钮 AB^1，如图 5-15 所示。

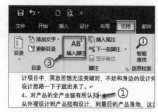

图 5-15　插入脚注

2）随后会在本页末尾部出现一个内容编辑区，并且在原先光标处会出现一个"1"的字样，如图 5-16 所示。

图 5-16　脚注

3）在脚注内容编辑区内输入相关注释即可完成脚注的插入，将鼠标光标移至文章内容的脚注标记处也可以快速浏览脚注内容，如图 5-17 所示。

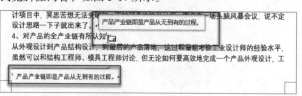

图 5-17　脚注效果

5.3.3 插入尾注

尾注的使用方法跟脚注一样，不过尾注的位置是在整个文章的尾部而不是每一页的尾部。

1）首先将光标定位在需要标注的内容末端，然后在功能区"引用"选项卡的"脚注"面板中单击"插入尾注"按钮，如图 5-18 所示。

图 5-18　插入尾注操作

2）单击该按钮后会在原先光标处出现一个"i"的字样，整个文章的尾部会出现尾注的内容编辑区，如图 5-19 所示。

图 5-19　尾注编辑

3）在尾注内容编辑区内填写上内容的相关注释即可完成尾注的插入，将鼠标光标移至文章预定内容的尾注标记处也可以快速浏览尾注内容，如图 5-20 所示。

图 5-20　尾注效果

5.4　在文档中使用书签与超链接

5.4.1 书签的使用

当文章内容较多时，如果想要将部分重要的片段做一个标记以方便查找，书签这个功能就可以很好地满足用户的需求。

1）首先选中需要标记的文章片段，然后在功能区"插入"选项卡的"链接"面板中单击"书签"按钮，如图 5-21 所示。

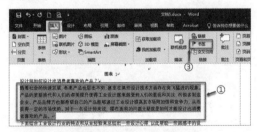

图 5-21　插入书签操作

2）随后在弹出的"书签"对话框中填写书签名然后单击"添加"按钮即可完成书签的插入，如图 5-22 所示。

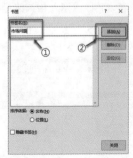

图 5-22　书签设置

3）插入好书签后，如果想要回到书签定位的位置，则可以重新在功能区"插入"选项卡的"链接"面板中单击"书签"按钮，接着在弹出的"书签"对话框中选中书签名，如图 5-23 所示，然后单击"定位"按钮，即可回到书签位置。

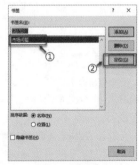

图 5-23　书签定位

读书笔记

5.4.2 超链接的使用

超链接就是将文章内容转换成一个可点击的形式来进行文章或者文件的跳转，既可以在文档内部进行内容跳转，也可以在文档外部进行文件的跳转。

如果要在文档内部进行内容超链接跳转，则需要将该文档内容进行位置定位，如果是标题文字内容，可以给标题文字附加上标题样式，如果是正文内容，则可以使用上面所介绍的书签进行定位。

将文本内容定位好之后，选择所要触发超链接的内容，然后在功能区"插入"选项卡的"链接"面板中单击"链接"按钮 🌐，如图 5-24 所示。

图 5-24　插入超链接

随后在弹出的"插入超链接"对话框中选择"本文档中的位置"选项，便会出现前面所定位的文本内容，选中所要跳转的位置后单击"确定"按钮即可完成超链接的插入，如图 5-25 所示。

图 5-25　超链接设置

设置完超链接后，原先的文本内容就会变成可单击样式，在该处右击并在弹出的快捷菜单中选择"打开超链接"命令即可完成跳转，也可以按住 Ctrl 键在该处单击快速跳转，如图 5-26 所示

图 5-26　打开超链接

如果想要跳转到文档之外的文件，则可以在"编辑超链接"对话框中选择"现有文件或网页"选项，然后选择文件位置或者填写网页地址即可，如图 5-27 所示。

图 5-27　外部文件跳转

5.5 ▶ 专家点拨

5.5.1 Word 邮件合并应用技巧

在使用 Word 文档编辑过程中，有时候需要将两个文档的内容合并成邮件或者单个文档，这时就可以使用"邮件合并"的功能。

1）首先准备好需要合并的两个文件，以"成绩单"文档为例，从功能区"邮件"选项卡的"开始邮件合并"面板中单击"开始邮件合并"按钮 🗐，接着选择"选择收件人"选项，在下拉列表中选择"使用现有列表"选项，如图 5-28 所示。

2）在弹出的"选取数据源"对话框中选择另外一个需要合并的文件，单击"打开"按钮，如图 5-29 所示。

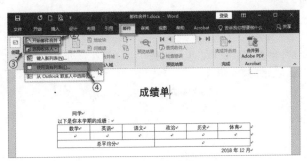

图 5-28　邮件合并

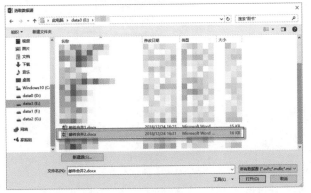

图 5-29　选择文件

3）将光标定位在需要合并数据的位置，在功能区"邮件"选项卡的"编写和插入域"面板中单击"插入合并域"按钮，然后选择相应的域后单击"插入"按钮即可，如图 5-30 所示。

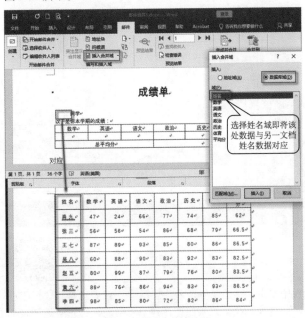

图 5-30　插入合并域（1）

5.5.2　调出"审阅"选项卡

在使用 Word 的过程中，有时候会出现"审阅"选项卡不见了的情况，如果要把它重新调出来，可以先在功能区"文

80

4）以此类推，在每一个需要填充数据的位置都插入合并域，如图 5-31 所示。

图 5-31　插入合并域（2）

5）插入完毕之后，在功能区"邮件"选项卡的"完成"面板中单击"完成并合并"按钮，然后选择"编辑单个文档"选项，如图 5-32 所示。

图 5-32　完成合并

6）在弹出的"合并到新文档"对话框中选择想要的区域或者全部，单击"确定"按钮即可完成文档导出，如图 5-33 所示。

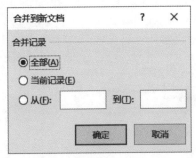

图 5-33　导出文档

合并后导出的文件效果如图 5-34 所示。

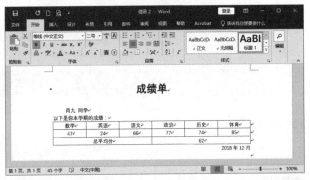

图 5-34　合并效果

件"选项卡中选择"选项"选项,接着在弹出的"Word 选项"对话框中选择"自定义功能区"选项,然后选中"审阅"复选框即可完成,如图 5-35 所示。

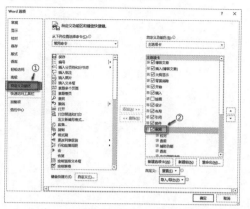

图 5-35　调出选项卡

5.5.3　快速调整页边距

在功能区"视图"选项卡的"显示"面板中选中"标尺"复选框,然后将鼠标光标移至水平标尺灰色部分边缘直至鼠标光标转换成 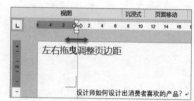,按住鼠标左键进行拖曳即可快速调整该处对应的页边距,如图 5-36 所示。

在水平标尺中拖曳左右灰色边缘分别调整左右页边距,在竖直标尺中拖曳上下灰色边缘分别调整上下页边距。

图 5-36　调整页边距

读书笔记

读书笔记

第二部分

Excel 高效办公应用

第

6

第 **Excel 基本操作** 章

◎ **本章导读:**

本章主要介绍 Excel 基本操作,内容包括工作簿基本操作(如工作簿新建、保存、共享及密码保护)、工作表基本操作(工作表插入和删除、工作表移动和复制、工作表隐藏和显示、工作表标签颜色设置,以及工作表保护)、单元格基本操作、综合应用案例和专家点拨技巧等。本章是 Excel 的基础知识。

6.1.1 新建工作簿

首先启动 Microsoft Excel 2019,在计算机窗口左下角处单击"开始"按钮，接着在软件列表中选择 Microsoft Excel 2019,即可启动 Microsoft Excel 2019,Excel 的初始界面如图 6-1 所示。

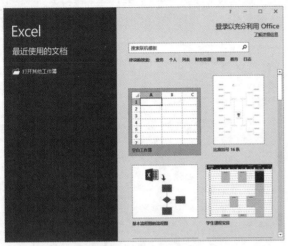

图 6-1 Excel 初始界面

在右侧的模板选择窗口中单击"空白工作簿",即可创建一个空白文档。

如果在已有一个文档的情况下想再创建一个新的文档,操作方法跟 Word 大致一样。新建 Excel 工作簿的方法主要有以下几种。

1)在功能区"文件"选项卡中选择"新建"选项,接着在右侧模板选择区中单击"空白工作簿"即可完成创建,如图 6-2 所示。

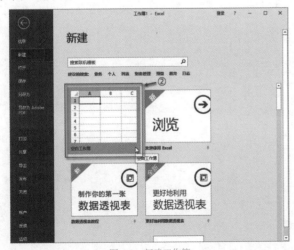

图 6-2 新建工作簿

2)在功能区中单击"自定义快速访问工具栏"按钮，接着在其下拉列表中选中"新建"选项,如图 6-3 所示,则在"快速访问"工具栏中显示"新建"按钮。此时,在"快速访问"工具栏中单击"新建"按钮,便可完成新文档的创建。

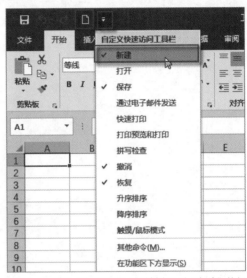

图 6-3 设置在"快速访问"工具栏中显示"新建"按钮

3)按 Ctrl+N 快捷键,快速创建一个空白的工作簿。

在 Microsoft Excel 中,同样也提供了很多工作簿模板供用户选择。在功能区"文件"选项卡中选择"新建"选项,在右侧的模板选择区中选择合适的模板后单击"创建"按钮即可完成模板工作簿的创建,如图 6-4 所示。

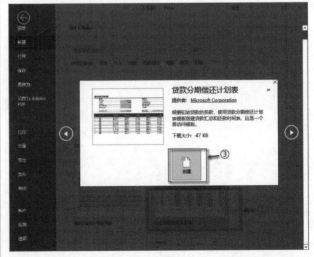

图 6-4 新建模板文档

6.1.2 保存工作簿

在编辑文档的过程中，保存是一个非常必要的命令，保存主要有 3 种形式：保存、另存为，以及自动保存。

在功能区"文件"选项卡中选择"保存"选项，如果文档是第一次创建并且没有保存过，则会自动跳转到"另存为"选项，然后单击"浏览"按钮 📁 ，如图 6-5 所示。

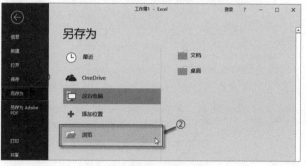

图 6-5 保存及另存为选项

在弹出的"另存为"对话框中选择所要保存的文件位置，然后单击"保存"按钮即可，如图 6-6 所示。

如果是已经保存过的文件，直接在"快速访问"工具栏中单击"保存"按钮 💾 ，或者按 Ctrl+S 快捷键，即可完成快速保存。

在 Excel 中也可以设置启用自动保存模式，其方法是：

6.1.3 工作簿的共享及保护

本小节主要介绍两个知识点：一个是工作簿的共享；另一个是工作簿的保护。

1. 工作簿的共享

在 Excel 办公使用过程中，有时候会出现数据信息过多的情况，通过工作簿的共享便可让多个用户同时对工作簿进行数据录入。

1）首先要将工作簿文件保存在每个用户都能操作的共享区域，然后在功能区"审阅"选项卡的"更改"面板中单击"共享工作簿"按钮 📋 ，如图 6-8 所示。

图 6-8 共享工作簿

2）在弹出的"共享工作簿"对话框中选中"使用旧的共享工作簿功能，而不是新的共同创作体验"复选框，如

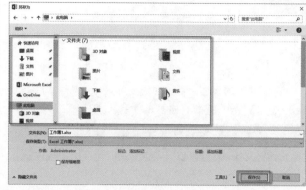

图 6-6 "另存为"对话框

在功能区"文件"选项卡中选择"选项"命令，在弹出的"Excel 选项"对话框中选择"保存"选项，然后在右侧选中"保存自动恢复信息时间间隔"复选框并输入时间间隔分钟数即可完成设置，如图 6-7 所示。

图 6-7 自动保存

图 6-9 所示，然后单击"确定"按钮完成设置。

图 6-9 设置共享工作簿

3）设置共享之后，系统会弹出一个 Microsoft Excel 对话框提示此操作将导致保存文档，如图 6-10 所示，然后单

击"确定"按钮。

图 6-10 弹出一个对话框以询问是否继续

完成共享的设置之后，在原先的 Excel 表格文件上便会出现"已共享"字样，如图 6-11 所示。

图 6-11 已共享

如果要取消工作簿的共享，则再次在功能区"审阅"选项卡的"更改"面板中单击"共享工作簿"按钮，接着在弹出的"共享工作簿"对话框中取消选中"使用旧的共享工作簿功能，而不是新的共同创作体验"复选框即可。

2. 工作簿的保护

在日常办公过程中，为了文件的安全，用户需要对工作簿进行保护设置。工作簿的保护分为两种：一种是对工作簿结构的保护；另一种是对工作簿文件的常规保护。

所谓的工作簿结构保护，就是阻止读者插入、移动、删除、隐藏或者重命名该文档内的工作表，从而对文档的整个结构起到保护的作用。

1）在功能区"审阅"选项卡的"更改"面板中单击"保护工作簿"按钮，如图 6-12 所示，系统弹出"保护结构和窗口"对话框。

图 6-12 单击"保护工作簿"按钮

2）在"保护结构和窗口"对话框的"密码（可选）"文本框中输入密码，在"保护工作簿"选项组中选中"结构"复选框，如图 6-13 所示，然后单击"确定"按钮。

图 6-13 "保护结构和窗口"对话框

3）系统弹出"确认密码"对话框，如图 6-14 所示，重新输入密码后单击"确定"按钮即可完成设置。

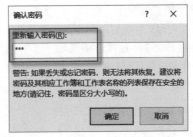

图 6-14 "确认密码"对话框

设置结构保护之后，工作簿的一些操作命令便会变成灰色不可选状态，如图 6-15 所示。此时，如果尝试双击"Sheet1"，便会弹出一个对话框提示信息"工作簿有保护，不能更改。"的，如图 6-16 所示，单击"确定"按钮。

图 6-15 设置保护后

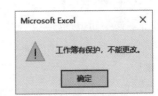

图 6-16 提示信息

如果需要取消工作簿的保护，则在功能区"审阅"选项卡的"更改"面板中再次单击"保护工作簿"按钮，然后在弹出的"撤销①工作簿保护"对话框中输入密码，如图 6-17 所示，然后单击"确定"按钮即可撤销保护。

图 6-17 "撤销工作簿保护"对话框

工作簿文档的常规保护，即是在文件的打开及修改中起到保护作用的功能。

---

① 同图中"撤消"，后同。

1）在功能区"文件"选项卡中选择"另存为"选项，接着单击"浏览"按钮 ，如图6-18所示。

图6-18　选择"另存为"选项

2）在弹出的"另存为"对话框中单击"工具"按钮，然后在弹出的下拉列表中选择"常规选项"选项，如图6-19所示，系统弹出"常规选项"对话框。

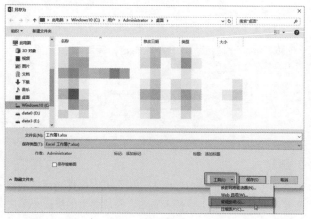

图6-19　常规选项

3）在"常规选项"对话框中分别设置"打开权限密码"和"修改权限密码"，并选中"建议只读"复选框，如图6-20所示，然后单击"确定"按钮。

图6-20　常规选项设置

4）单击"确定"按钮后，Excel会弹出"确认密码"对话框，重新输入密码，单击"确定"按钮，如图6-21所示，再在弹出的"确认密码"对话框中重新输入修改权限密码，最后单击"确定"按钮，如图6-22所示。

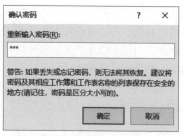

图6-21　重新输入密码

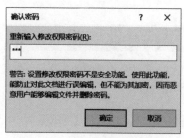

图6-22　重新输入修改权限密码

5）确认好密码之后将文件进行保存即可完成保护设置。再次打开该工作簿文件时，Excel会提示该工作簿设有密码保护，如图6-23所示。

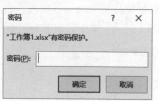

图6-23　"密码"对话框

输入密码后，如果有限制"写权限"，系统会再弹出一个获取写权限的对话框，用户可以选择输入密码进行读写或者直接进入只读模式，如图6-24所示。

图6-24　获取写权限

如果进入只读模式，用户便不能对源文档内容进行修改后覆盖保存，如图6-25所示。

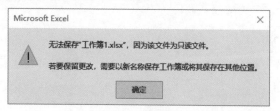

图6-25　提示信息

如果想要撤销对文件的保护模式，则先输入两次密码以获取文档的写权限，然后重新在功能区"文件"选项卡中打开"另存为"对话框，单击"工具"按钮后选择"常规选项"选项，然后在"常规选项"对话框中清除文本框中的密码并取消选中"建议只读"复选框，单击"确定"按钮即可撤销对文件的保护，如图6-26所示。

图 6-26 撤销保护

6.2 工作表的基本操作

工作表是 Excel 中一个重要的部分，用户可以对工作表进行插入、删除、隐藏、显示、移动、复制、重命名、标签颜色及保护等方面的设置。

6.2.1 插入和删除工作表

在创建的空白工作簿中默认只有一个 Sheet1 工作表，如果用户需要，可以执行插入或删除工作表的命令。

1. 插入

1）首先将鼠标移至 Sheet1 的位置，右击，在弹出的快捷菜单中选择"插入"命令，如图6-27所示。

图 6-27 插入工作表

2）随后在弹出的"插入"对话框中选择合适的工作表后单击"确定"按钮，即可完成插入，如图6-28所示。

图 6-28 选择工作表

> **注 意**
>
> 如果不需要选择工作表类型，也可以单击 Sheet1 旁边的"添加"按钮 ⊕ 进行快速创建，如图6-29所示。

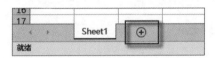

图 6-29 快速创建

2. 删除

如果要删除多余的工作表，那么可以先将光标移动到需要删除的工作表上，接着右击，并从弹出的快捷菜单中选择"删除"命令即可完成删除，如图6-30所示。

图 6-30 删除工作表

读书笔记

6.2.2 移动和复制工作表

工作表是可以在文件内部或者外部进行移动与复制的，其方法如下。

1）首先将鼠标移至需要移动/复制的工作表上，接着右击并从弹出的快捷菜单中选择"移动或复制"命令，如图6-31所示，系统弹出"移动或复制工作表"对话框。

图6-31　移动或复制

2）在"移动或复制工作表"对话框中设定将选定工作表移至或复制到指定位置处。在"工作簿"选项组中选择内部或者外部文件，在"下列选定工作表之前"选项组中选择工作表最终位置，如图6-32所示。

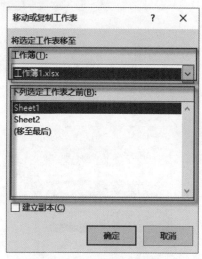

图6-32　移动/复制位置

6.2.3 隐藏和显示工作表

在办公过程中，有时候为了保护某些工作表的数据安全，可以选择将工作表隐藏起来。方法很简单，将光标移至需要隐藏的工作表上，右击，在弹出的快捷菜单中选择"隐藏"命令即可完成隐藏该工作表的操作，如图6-35所示。

3）如果是文件内部的移动复制，在工作簿中选择当前文件，接着再选择在哪一个工作表之前即可；如果是复制工作表，则需要选中"建立副本"复选框，如图6-33所示。在"移动或复制工作表"对话框中单击"确定"按钮，复制后的效果如图6-34所示。

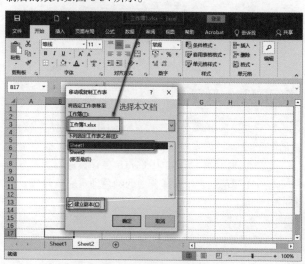

图6-33　复制工作表

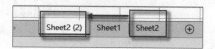

图6-34　复制效果

如果要移动或复制到外部文件，那么在"工作簿"选项组中选择外部文件名即可。

注　意

需要把文档打开才能在下拉列表中显示该文件名。

读书笔记

如果想要显示已隐藏了的工作表，那么在快捷菜单中选择"取消隐藏"命令，随后在弹出的"取消隐藏"对话框中选择需要显示的工作表后单击"确定"按钮即可取消隐藏，如图6-36所示。

图 6-35 隐藏工作表

图 6-36 取消隐藏

6.2.4 设置工作表标签颜色

为了方便区分各个工作表，Excel 提供了对工作表标签的颜色设置。首先在需要更换颜色的工作表标签上右击，接着在弹出的快捷菜单中选择"工作表标签颜色"命令，然后在颜色列表中选择合适的颜色即可完成设置，如图 6-37 所示。

对工作表标签颜色进行设置的前后对比效果如图 6-38 所示。

图 6-38 颜色效果

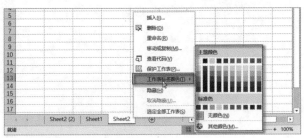

图 6-37 颜色设置

读书笔记

6.2.5 工作表的保护

在 Excel 中可以对单个工作表进行保护设置，以防止工作表数据被随意更改。保护工作表的目的是通过限制其他用户的编辑权限来防止他们进行更改，包括防止用户编辑锁定的单元格或更改格式。

1）在功能区"审阅"选项卡的"更改"面板中单击"保护工作表"按钮，如图 6-39 所示。

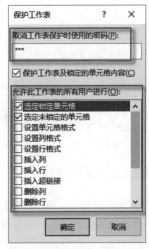

图 6-40 "保护工作表"对话框

图 6-39 执行保护工作表的命令操作

2）系统弹出"保护工作表"对话框，在此对话框中可以设置密码及所要保护的项目，如图 6-40 所示。

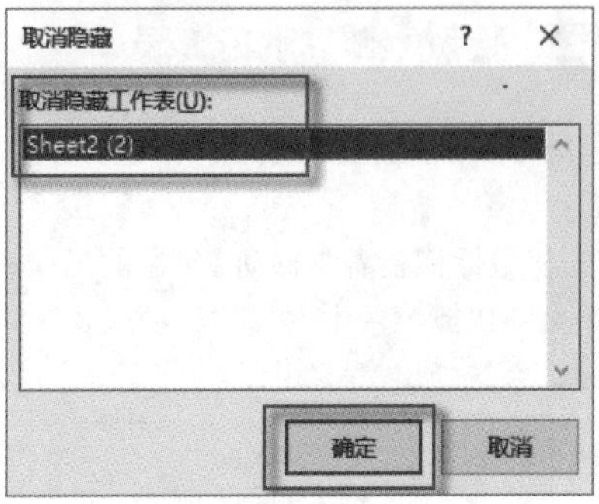

3）在选项区域中选中允许此工作表所有用户可进行的项目后单击"确定"按钮，再次在弹出的"确认密码"对

话框中输入密码即可完成设置，如图 6-41 所示。

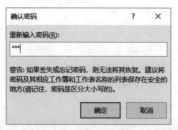

图 6-41　确认密码

4）设置保护之后，用户如果想对设置了保护的内容进行编辑，Excel 会弹出该工作表已受保护的提示信息对话框，如图 6-42 所示。

图 6-42　保护提醒

如果想撤销对工作表的保护，那么可以再次在功能区"审阅"选项卡的"更改"面板中单击"撤销工作表保护"按钮，弹出"撤销工作表保护"对话框，在"密码"文本框中输入密码，如图 6-43 所示，然后单击"确定"按钮即可撤销保护。

图 6-43　撤销工作表保护

6.3　单元格的基本操作

本节介绍的单元格基本操作包括：单元格插入和删除，单元格合并与拆分，单元格行高与列宽设置，行与列隐藏或显示。

6.3.1　插入和删除单元格

Excel 中的单元格是可以根据自身需求进行插入和删除的，可以选择单个单元格进行调整，也可以对整行或者整列进行调整。

首先选中要插入单元格的位置，接着在功能区"开始"选项卡的"单元格"面板中单击"插入"按钮在工作簿中添加新的单元格、行或列，或者单击"插入"按钮旁的下三角按钮 ，在打开的"插入"列表中再根据情况选择相应的插入命令，如图 6-44 所示。

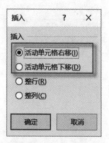

图 6-45　插入单个单元格

列表中选择"插入工作表行"或"插入工作表列"选项，以此进行整行或整列的插入。除此之外，还可以在列号或行号一栏上右击，然后在弹出的快捷菜单中选择"插入"命令，如图 6-46 所示。

单元格的删除与插入的方法有点类似。首先选中要删除的单元格，接着在功能区"开始"选项卡的"单元格"面板中单击"删除"按钮即可。如果单击"删除"按钮旁的下三角按钮 ，则打开一个"删除"下拉列表，如图 6-47 所示。

如果只想删除单个单元格，则选择"删除单元格"命令，然后在弹出的"删除"对话框中选择"右侧单元格左移"或"下方单元格上移"单选按钮，如图 6-48 所示，然后单击"确定"按钮。

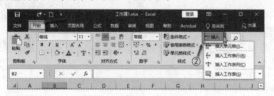

图 6-44　插入单元格

如果只要插入单个单元格，在"插入"列表中选择"插入单元格"选项，系统弹出"插入"对话框，从中选择"活动单元格右移"或"活动单元格下移"单选按钮，如图 6-45 所示，然后单击"确定"按钮。

如果要插入一整行或者一整列，则在"插入"对话框中选择"整行"或"整列"单选按钮，然后单击"确定"按钮。

整行、整列的插入，也可以在"插入"按钮的下拉

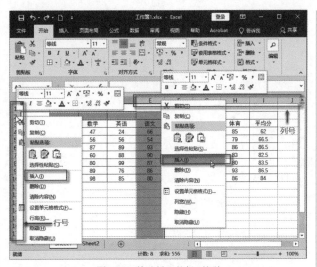

图 6-46　快速插入整行 / 整列

图 6-47　打开"删除"下拉列表

图 6-48　删除单元格

6.3.2　合并与拆分单元格

　　单元格的合并与拆分是 Excel 中比较常用的功能之一。

　　要合并单元格，首先选中需要合并的单元格，比如选中 A1:A2 单元格，接着在功能区"开始"选项卡的"对齐方式"面板中单击"合并后居中"按钮，则将选择的多个单元格合并成一个较大的单元格，并将新单元格内容居中，这是创建跨多列标签的最好方式。

　　当然，也可以选择其他方式合并单元格，方法是在功能区"开始"选项卡的"对齐方式"面板中单击"合并后居中"按钮旁的三角形下拉按钮，打开"合并单元格"下拉列表，如图 6-50 所示，该列表提供以下几个与合并单元格相关的实用命令。

　　如果在该对话框中选择"整行"或"整列"单选按钮时，则是删除整行或整列。

　　整行或整列的删除，也可以在"删除"按钮的下拉列表中选择"删除工作表行"或"删除工作表列"选项，以进行整行或整列的删除。除此之外，还可以在列号或行号一栏上右击，并从弹出的快捷菜单中选择"删除"命令，如图 6-49 所示。

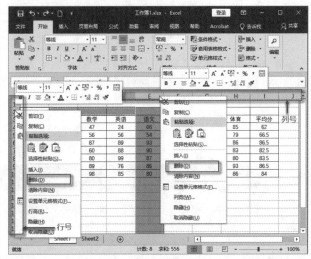

图 6-49　快速删除整行 / 整列

读书笔记

图 6-50　打开"合并单元格"下拉列表

- ●"合并后居中"按钮：将选择的多个单元格合并成一个较大的单元格，并将新单元格内容居中，如图 6-51 所示。
- ●"跨越合并"按钮：将相同行中的所选单元格合并到一个大单元格中。
- ●"合并单元格"按钮：将所选单元格合并为一个单元格，如图 6-52 所示。

图 6-51　合并后居中

图 6-52　合并单元格

● "取消单元格合并" 按钮⊞：将当前单元格拆分为多个单元格。

如果要取消单元格的合并，那么可以先选中该合并后的单元格，接着在 "合并单元格" 下拉列表中单击 "取消单元格合并" 按钮⊞即可，如图 6-53 所示。其实，也可以通过单击 "合并后居中" 按钮⊟取消其选中状态即可。

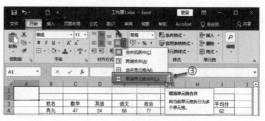

图 6-53　取消合并

单元格合并与取消合并也可以右击在弹出的快捷菜单中快速操作，在需要合并或取消合并的单元格处右击，然后在出现的浮动工具栏中单击 "合并后居中" 按钮⊟以取消其选中合并状态，如图 6-54 所示。

图 6-54　快速合并 / 取消合并

6.3.3　设置单元格行高与列宽

关于单元格的行高与列宽的调整，可以通过鼠标拖曳的方式来实现。

先来介绍列宽的拖曳调整：将鼠标光标移至列号一栏中需要调整列宽的列的一侧，此时光标会转换成┿，然后按住鼠标左键左右拖曳即可以手动的方式快速调整列宽，如图 6-55 所示。

图 6-55　调整列宽

行高的手动调整方式跟列宽相似，将鼠标光标移动至行号一栏中需要调整行高的行的边缘，此时光标会转换成┿，然后按住鼠标左键上下拖曳即可手动调整行高，如图 6-56 所示。

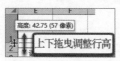

图 6-56　调整行高

除了手动拖曳调整之外，还可以通过设置精确数值进行调整。首先选中需要调整的单元格，在功能区 "开始" 选项卡的 "单元格" 面板中单击 "格式" 按钮▦，然后在下拉列表中选择 "行高" 选项或 "列宽" 选项进行调整，如图 6-57 所示。

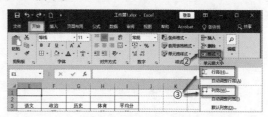

图 6-57　调整行高与列宽

随后在弹出的 "行高" 或 "列宽" 对话框中输入对应的数值，确定后即可完成设置，如图 6-58 所示。

图 6-58　输入行高或列宽数值

6.3.4 隐藏或显示行与列

在 Excel 中，可以将不想展示出来的行或列隐藏。

以隐藏选定行为例，首先选中需要隐藏的行，接着在功能区"开始"选项卡的"单元格"面板中单击"格式"按钮 ，在下拉列表中选择"隐藏和取消隐藏"|"隐藏行"选项即可完成隐藏选定行，如图 6-59 所示。隐藏选定列的操作也是类似的。

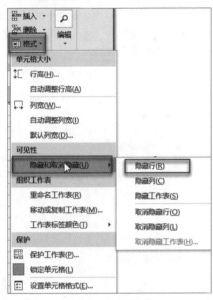

图 6-59　隐藏行操作

隐藏的行或列会在行号或列号一栏中"缩小"，如图 6-60 所示。

图 6-60　隐藏效果

如果要将被隐藏的行或列显示出来，那么先选中该行 / 列的前后行 / 列，然后在功能区"开始"选项卡的"单元格"面板中单击"格式"按钮 ，在下拉列表中选择"隐藏和取消隐藏"|"取消隐藏行""取消隐藏列"选项即可取消其隐藏状态，如图 6-61 所示。

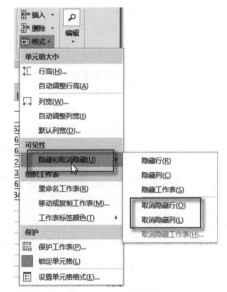

图 6-61　取消隐藏操作

读书笔记

6.4　专家点拨

6.4.1　设置在单元格里换行

在编辑表格内容的过程中，往往会遇到内容不换行的问题，有以下几种方法可以实现表格内容的换行。

1. 自动换行

首先选中需要换行的单元格，接着在功能区"开始"

选项卡的"对齐方式"面板中单击"自动换行"按钮 即可完成换行设置，如图 6-62 所示。

设置自动换行前后的效果对比如图 6-63 所示。

Word/Excel/PPT 2019 商务办公完全自学手册

图 6-62 自动换行

图 6-63 效果比较

6.4.2 绘制斜线表头

在 Excel 中绘制表格时，在表头部分需要用斜线表头来分别描述横竖栏内容信息，斜线表头的绘制有以下两种方法。

1. 通过设置单元格格式

1）首先选中需要绘制斜线表头的单元格，接着右击，并在弹出的快捷菜单中选择"设置单元格格式"命令，如图 6-65 所示，系统弹出"设置单元格格式"对话框。

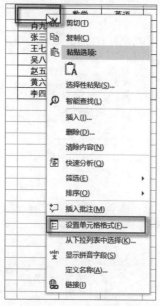

图 6-65 设置单元格格式

2）在"设置单元格格式"对话框的"边框"选项卡中，单击选中右下区域的"斜线"按钮 以设置绘制斜线，

2. 使用快捷键完成快速换行

如果想在单元格的指定位置开始换行，首先将光标定位在需要换行的起始位置，然后按 Alt+Enter 快捷键即可完成换行，如图 6-64 所示。

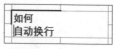

图 6-64 手动换行

读书笔记

如图 6-66 所示，然后单击"确定"按钮。

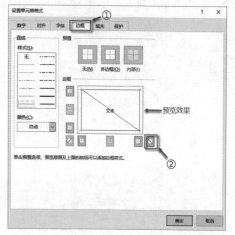

图 6-66 插入斜线

3）插入斜线后双击该单元格，输入横竖栏信息并单击"左对齐"按钮 ，如图 6-67 所示。

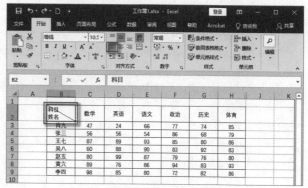

图 6-67 输入内容

4）在"科目"前面加入适当空格符号，即可完成一个斜线表头的制作，如图 6-68 所示。

科目\姓名	数学	英语	语文	政治	历史	体育
肖九	47	24	66	77	74	85
张三	56	56	54	86	68	79
王七	87	89	93	85	80	86
吴八	60	88	90	83	92	83
赵五	80	99	87	79	76	80
黄六	89	76	86	94	83	93
李四	98	85	80	72	82	86

图 6-68　斜线表头

2. 手动绘制单元格中的斜线

也可以手动绘制单元格中的斜线，其方法如下。

1）首先将文本内容输入单元格中，如图 6-69 所示。

图 6-69　输入内容

2）在功能区"开始"选项卡的"字体"面板中单击"边框" ⊞▾ 的下拉按钮 ▾，接着在下拉列表中选择"绘制边框"选项，如图 6-70 所示。

图 6-70　绘制边框

3）此时光标转换成 ✎，意味着可以开始绘制边框了。

从单元格的左上角按住鼠标左键拖曳至单元格右下角后释放鼠标，便可完成斜线的绘制，如图 6-71 所示。

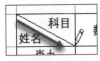

图 6-71　绘制斜线

如果要在一个单元格中绘制三栏斜线，可以按照以下步骤来完成。

1）在单元格中输入三栏的信息并调整好位置，如图 6-72 所示。

图 6-72　输入内容

2）在功能区"插入"选项卡的"插图"面板中单击"形状"按钮 ▭▾，在下拉列表中选择"直线"图标 ＼，如图 6-73 所示。

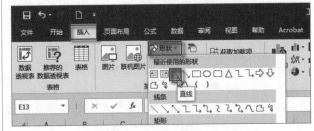

图 6-73　插入直线

3）在表格中绘制好直线后将直线的颜色调整为黑色即可完成表头制作，如图 6-74 所示。

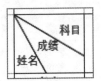

图 6-74　效果图

6.5 ▶ 案例操练——制作简易的课程表

接下来使用上述知识点制作一个简易的课程表。

1）首先创建一个空白的工作簿文档，接着选中 A1:F10 单元格，如图 6-75 所示。

2）给单元格加上边框，在"边框"按钮 ⊞▾ 中选择"所有框线"选项，如图 6-76 所示。

图 6-75　选中单元格

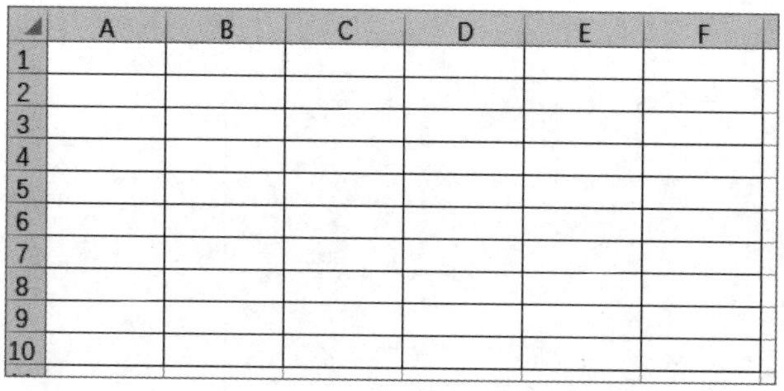

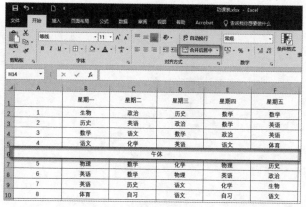

图 6-76 所有框线

3）利用“格式”按钮 的相关功能适当调整每一行的行高及每一列的列宽，如图 6-77 所示。

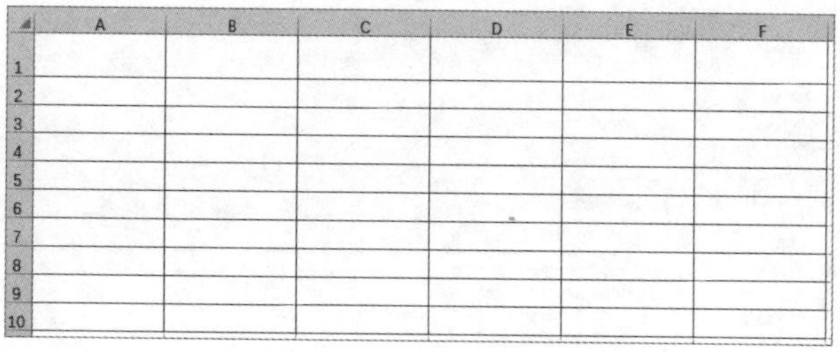

图 6-77 调整行高与列宽

4）将文本内容依次输入单元格中，并调整单元格的对齐模式为“居中”，如图 6-78 所示。

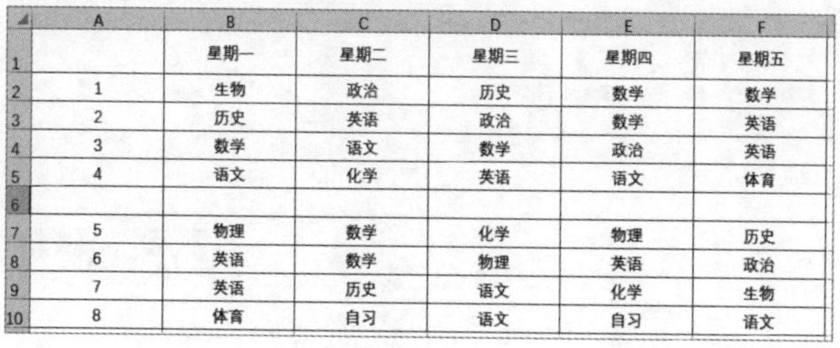

	A	B	C	D	E	F
1		星期一	星期二	星期三	星期四	星期五
2	1	生物	政治	历史	数学	数学
3	2	历史	英语	政治	数学	英语
4	3	数学	语文	数学	政治	英语
5	4	语文	化学	英语	语文	体育
6						
7	5	物理	数学	化学	物理	历史
8	6	英语	数学	物理	英语	政治
9	7	英语	历史	语文	化学	生物
10	8	体育	自习	语文	自习	语文

图 6-78 输入文本

5）将第六行 A6:F6 这几个单元格一并选中，单击“合并后居中”按钮，然后输入文本“午休”，如图 6-79 所示。

	A	B	C	D	E	F
1		星期一	星期二	星期三	星期四	星期五
2	1	生物	政治	历史	数学	数学
3	2	历史	英语	政治	数学	英语
4	3	数学	语文	数学	政治	英语
5	4	语文	化学	英语	语文	体育
6	午休					
7	5	物理	数学	化学	物理	历史
8	6	英语	数学	物理	英语	政治
9	7	英语	历史	语文	化学	生物
10	8	体育	自习	语文	自习	语文

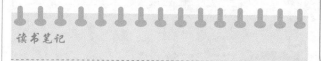

图 6-79 合并后居中

6）在单元格 A1 处制作一个斜线表头即可完成一个简易课程表的制作，如图 6-80 所示。

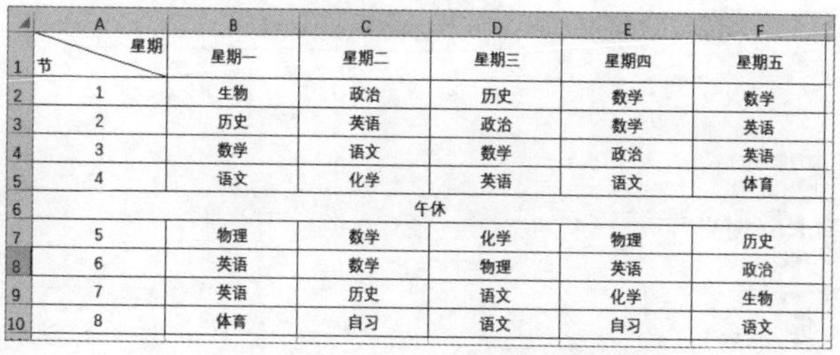

	A	B	C	D	E	F
1	星期 / 节	星期一	星期二	星期三	星期四	星期五
2	1	生物	政治	历史	数学	数学
3	2	历史	英语	政治	数学	英语
4	3	数学	语文	数学	政治	英语
5	4	语文	化学	英语	语文	体育
6	午休					
7	5	物理	数学	化学	物理	历史
8	6	英语	数学	物理	英语	政治
9	7	英语	历史	语文	化学	生物
10	8	体育	自习	语文	自习	语文

图 6-80 课程表

读书笔记

6.6 自学拓展小技巧

6.6.1 在单元格中输入“√”和“×”

如果要在单元格中输入“√”和“×”，可以在单元格格式中进行设置。选中需要输入的单元格，右击，在弹出的快捷菜单中选择“设置单元格格式”命令，如图 6-81 所示。

系统弹出“设置单元格格式”对话框，在“分类”选项卡中选择“自定义”选项，在右侧“类型”文本框中输入代码“[=1] √；[=2] ×”，如图 6-82 所示。

在“设置单元格格式”对话框中单击“确定”按钮后，在单元格中输入“1”后按 Enter 键则会转换成“√”，输入“2”后按 Enter 键则会转换成“×”，如图 6-83 所示。

如果想要将“√”和“×”附加上颜色，可以在代码前均附带上“[颜色]”，如“[绿色][=1] √；[红色][=2] ×”，如图 6-84 所示。

附加颜色的效果如图 6-85 所示。

图 6-81　设置单元格格式

图 6-82　自定义单元格格式

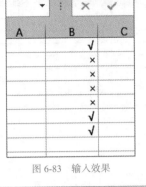

图 6-83　输入效果

图 6-84　设置颜色

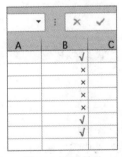

图 6-85　颜色效果

6.6.2　冻结窗格

在查找数据时，上下或者左右拖动滚动条，首行或首列便会不见，这样给数据查找带来不便，此时便可以使用冻结窗格功能，使得该行或者该列保持显示。在功能区"视图"选项卡的"窗口"面板中单击"冻结窗格"按钮，接着在下拉列表中选择"冻结首行"选项即可将首行固定显示，如图 6-86 所示。

冻结首行效果如图 6-87 所示。

如果要冻结首列，则可以在"冻结窗格"下拉列表中选择"冻结首列"选项，如图 6-88 所示。

冻结首列效果如图 6-89 所示。

图 6-86　冻结首行

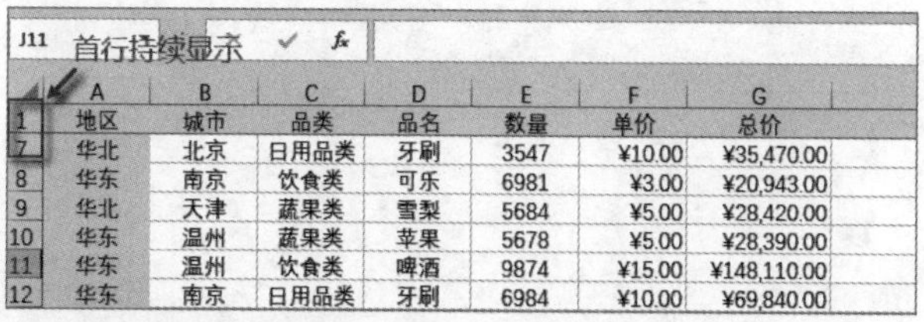

图 6-89　冻结首列效果

如果要将首行与首列同时冻结，则选中 A 列及行 1 的交界处顶格，也就是 B2 单元格，接着在功能区 "视图" 选项卡的 "窗口" 面板中单击 "冻结窗格" 按钮 冻结窗格▾，然后在下拉列表中选择 "冻结窗格" 选项，如图 6-90 所示。

图 6-87　冻结首行效果

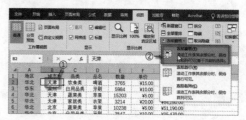

图 6-90　冻结窗格

冻结效果如图 6-91 所示。

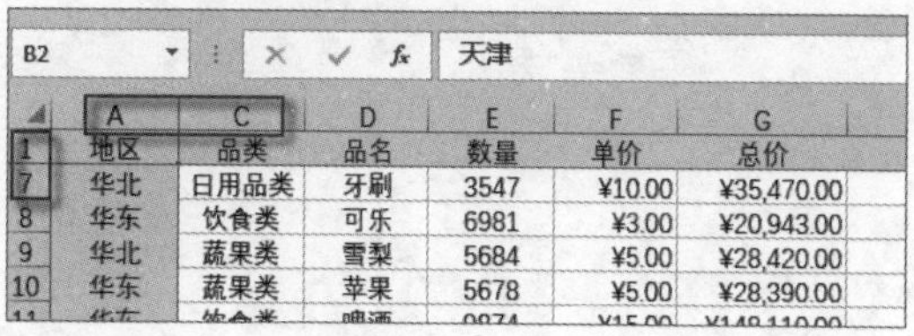

图 6-88　冻结首列

图 6-91　冻结窗格效果

读书笔记

第7章

数据输入与编辑基础

◎ **本章导读：**

本章重点介绍数据输入与编辑基础，具体内容包括数据输入基础、数据编辑基础、批注应用、公式应用和引用等。

7.1 ▸ 数据输入基础

7.1.1 基本文字

首先选择需要输入文字的单元格，然后输入相关的文字内容即可，如图 7-1 所示。

图 7-1 输入文字

7.1.2 常规数字

在 Microsoft Excel 中，默认情况下数字是不带特殊格式的。如果要输入常规数字，那么直接单击需要输入的单元格，然后输入常规数字即可，如图 7-2 所示。

图 7-2 输入常规数字

7.1.3 货币类数据

Microsoft Excel 提供了很多数字格式供用户选择，如果需要输入货币类的数据，则可以通过设置数据格式来完成输入。

1）在单元格中输入金额的常规数字，如图 7-3 所示。

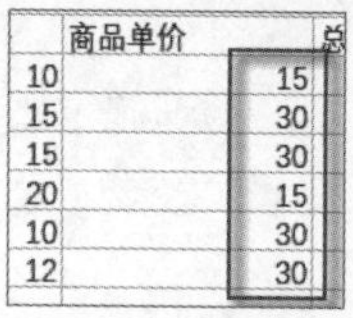

图 7-3 输入金额的常规数字

2）选中需要设置货币类数据格式的单元格，右击，接着在弹出的快捷菜单中选择"设置单元格格式"命令，如图 7-4 所示，系统弹出"设置单元格格式"对话框。

图 7-4 设置单元格格式

3）在"设置单元格格式"对话框的"数字"选项卡中，从"分类"列表中选择"货币"选项，然后在右侧分别设置"小数位数"和"货币符号"选项等，如图 7-5 所示，单击"确定"按钮，即可完成常规数字转换成货币数字的操作。转换后的数字效果如图 7-6 所示。

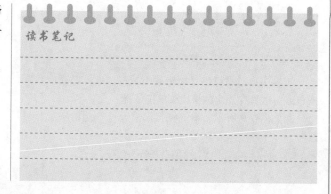

图 7-5 货币数字的转换

图 7-6 货币数字

读书笔记

第 7 章 数据输入与编辑基础

103

7.1.4 日期类数据

Excel 中常用的数字类型还有日期型。在 Excel 中，系统会自动转换日期格式。首先在单元格中输入"2018-12-27"，如图 7-7 所示。输入完日期之后，按 Enter 键，日期就会从"2018-12-27"转换成"2018/12/27"，这种日期类数字格式是 Excel 默认的，如图 7-8 所示。

图 7-7　输入日期

日期	2018/12/27

图 7-8　自动转换

如果用户对默认的日期格式不满意，也可以在该单元格右击，接着在弹出的快捷菜单中选择"设置单元格格式"命令，如图 7-9 所示，系统将弹出"设置单元格格式"对话框。

图 7-9　"设置单元格格式"命令

在"设置单元格格式"对话框的"数字"选项卡中，在"分类"列表中选择"日期"选项，接着在右侧选择合适的日期数字类型，如图 7-10 所示，然后单击"确定"按钮。设置好的日期格式效果如图 7-11 所示。

图 7-10　设置数字格式

日期	2018年12月27日

图 7-11　日期数据

读书笔记

7.2　数据编辑基础

7.2.1　快速填充数据

在使用 Excel 处理数据的过程中，一些单元格可能会输入相同内容，或者要求进行有规律的填充，在这种情况下，可以使用数据快速填充的功能进行数据输入。

1. 相同内容的填充

首先在首个单元格中输入内容，接着将光标移动至单元格右下角，这时光标会转换成 ✚，按住鼠标左键往下拖曳，如图 7-12 所示，然后松开鼠标左键即可完成数据的填充，如图 7-13 所示。

图 7-12　快速填充

图 7-13　填充效果

2. 有规律内容的填充

首先在第一个单元格中输入数字"1"，接着将鼠标光标移动至单元格右下角并按住 Ctrl 键，此时鼠标光标会变成 ➕，按住鼠标左键往下拖曳，如图 7-14 所示。松开鼠标左键后即可快速完成从 1~4（这里的数字是举例的）的数字填充，如图 7-15 所示。

图 7-14 规律填充（1）

图 7-15 规律内容填充效果

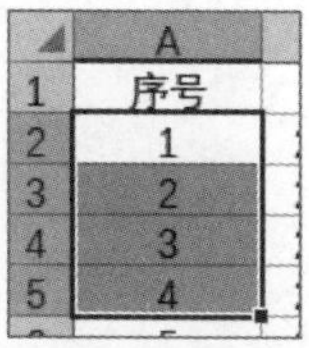

除了按住 Ctrl 键拖曳之外，还可以在前两格中输入数字规律，比如"1"和"2"，然后再按住单元格右下角拖曳即可完成填充，如图 7-16 所示。

图 7-16 规律填充（2）

如果想填充规律性的重复数据，那么首先在前两格中输入"1"和"2"，然后按住 Ctrl 键并拖曳单元格右下角来进行填充，如图 7-17 所示。松开鼠标左键后完成规律性数字重复填充，如图 7-18 所示。

图 7-17 规律重复填充 　　图 7-18 重复规律数字填充效果

此外，还可以在功能区"开始"选项卡的"编辑"面板中选择相应的填充工具进行填充。例如，先在第一个单

7.2.2 查找和替换

在办公过程中，需要在表格中对数据内容进行查找或者修改，这时就可以使用"查找和替换"功能进行快速查找及批量修改数据。

1. 查找

在功能区"开始"选项卡的"编辑"面板中单击"查找和选择"按钮 🔍，然后在下拉列表中选择"查找"选

元格中输入数字"1"，接着从功能区"开始"选项卡的"编辑"面板中单击"填充"按钮 ⬇▾，并在其下拉列表中选择"序列"选项，如图 7-19 所示，弹出"序列"对话框。

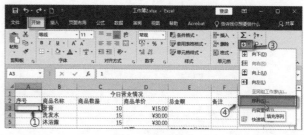
图 7-19 打开序列

在"序列"对话框的"序列产生在"选项组中选择"列"单选按钮，在"类型"选项组中选择"等差序列"单选按钮，在"步长值"文本框及"终止值"文本框中分别填入所要的数据，如图 7-20 所示。最后单击"确定"按钮，从而完成数据的填充，数据填充的结果如图 7-21 所示。

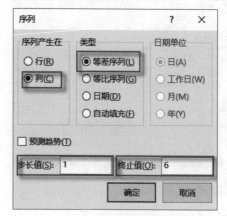
图 7-20 序列设置

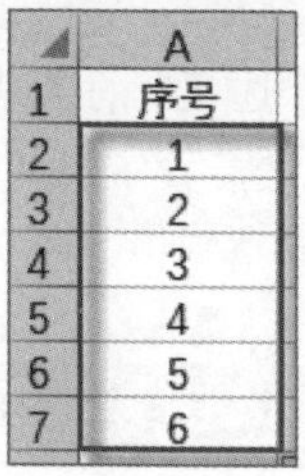

图 7-21 数据填充

项，如图 7-22 所示。

随后在弹出的"查找和替换"对话框中输入查找内容，单击"查找下一个"按钮即可完成单个内容的查找。如果需要查看所有查找内容的所在位置，则单击"查找全部"按钮即可，如图 7-23 所示。

图 7-22　查找

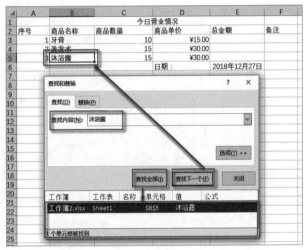

图 7-23　查找内容

2. 替换

在功能区"开始"选项卡的"编辑"面板中单击"查找和选择"按钮 ，然后在下拉列表中选择"替换"选项，如图 7-24 所示。系统弹出"查找和替换"对话框，且

自动切换至"替换"选项卡。

图 7-24　替换

在"查找和替换"对话框的"替换"选项卡中，在"查找内容"一栏输入要替换的旧内容，在"替换为"一栏中输入要替换的新内容，然后单击"替换"按钮即可完成单个内容的替换，如果要全部替换，则单击"全部替换"按钮即可，如图 7-25 所示。

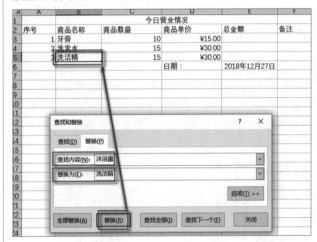

图 7-25　替换内容

7.3　批注的应用

7.3.1　插入批注

在 Excel 中，批注可以对单元格的内容进行附加的解释说明，插入批注的方法也很简单，操作步骤如下。

1）首先选中需要插入批注的单元格，接着在功能区"审阅"选项卡的"批注"面板中单击"新建批注"按钮 ，如图 7-26 所示。

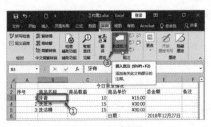

图 7-26　新建批注

2）随后在单元格旁边弹出的批注框内输入相应的批注内容，如图 7-27 所示。

完成批注的插入后，批注会自动隐藏，同时在单元格右上角会出现一个红色的三角形标记，将鼠标移动至该单元格即可显示批注内容。

图 7-27　输入批注内容

7.3.2 编辑批注

批注的大小、位置及批注内部的文本格式都是可以进行编辑的。首先选中带有批注的单元格，接着在功能区 "审阅" 选项卡的 "批注" 面板中单击 "编辑批注" 按钮 ，如图 7-28 所示。

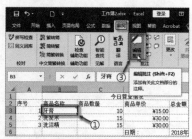

图 7-28　编辑批注

此时在批注周围的小方格处按住鼠标左键拖曳即可调整批注框大小，在边框处按住鼠标左键即可移动批注框。

如果要设置批注内部的文字格式，则在批注框内右击，接着在弹出的快捷菜单中选择 "设置批注格式" 命令，如图 7-29 所示。随后在弹出的 "设置批注格式" 对话框中对字体格式与特殊效果等进行设置即可，如图 7-30 所示。

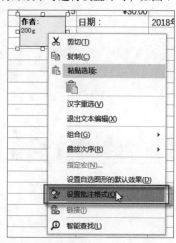

图 7-29　"设置批注格式" 选项

7.3.3 打印批注

在默认设置下，打印文档时不会将批注一起打印出来，如果用户需要将批注内容也一起打印出来，那么可以按照以下步骤进行。

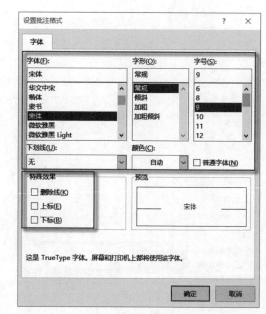

图 7-30　设置批注格式

读书笔记

1）在功能区 "文件" 选项卡中选择 "打印" 选项，接着单击 "页面设置" 按钮，如图 7-31 所示，系统弹出 "页面设置" 对话框。

图 7-31　页面设置

2）在"页面设置"对话框中切换至"工作表"选项卡，在"打印"选项组的"注释"下拉列表框中选择"工作表末尾"选项，将注释打印在文档最末尾处，如图 7-32 所示。

图 7-32　打印设置

3）单击"确定"按钮，批注内容便会统一打印在文档末尾处，如图 7-33 所示。

图 7-33　打印效果

如果在"注释"下拉列表框中选择"如同工作表中的显示"选项，则需要在工作簿中将批注显示出来再进行打印，打印效果就和工作簿中显示的效果一样，如图 7-34 所示。

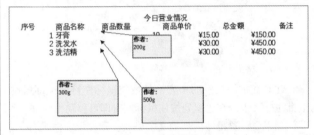

图 7-34　打印效果

7.4　公式的应用

7.4.1　输入公式

公式是 Excel 工作的核心，简单的公式可以直接在单元格中输入使用。

在 7.2.2 节的案例文件中，选中总金额 E3 单元格，由于总金额 = 单价 × 数量，因此在单元格中输入"=C3*D3"，如图 7-35 所示。

输入公式后，可将 Excel 公式中的 C3 单元格与 D3 单元格用颜色区分，然后按 Enter 键即可完成总金额的计算，如图 7-36 所示。

图 7-35　输入公式

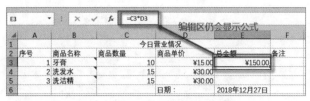

图 7-36　完成计算

7.4.2　修改公式

完成数据计算后，如果发现计算结果有误需要修改公式，则可以先将光标移至该单元格，双击即可进入修改模式，如图 7-37 所示。修改完公式之后按 Enter 键即可按新公式计算。

图 7-37　修改公式

7.4.3　显示公式

如果要显示单个单元格的公式，则可将鼠标光标移至该单元格后双击即可。如果要显示文档中所有的公式，则可在功能区"公式"选项卡的"公式审核"面板中单击"显示公式"按钮，如图 7-38 所示。

图 7-38　显示公式（1）

7.4.4　检查公式

在应用公式计算数据时，有时会出现数值错误或者公式错误的情况，如图 7-40 所示。

图 7-40　计算错误

在数据特别多的情况下，可以使用"错误检查"按钮来检查使用公式时发生的常见错误。在功能区"公式"选项卡的"公式审核"面板中单击"错误检查"按钮，如图 7-41 所示，在弹出的"错误检查"对话框中会显示出错的位置及原因，单击"在编辑栏中编辑"按钮可对出错的公式进行修改，如图 7-42 所示。

随后 Excel 会自动将表格中使用到公式的单元格从结果值转换为公式，如图 7-39 所示。

图 7-39　显示公式（2）

图 7-41　错误检查

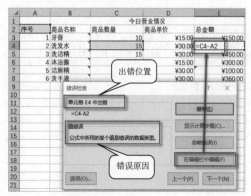

图 7-42　"错误检查"对话框

当用户修改完所有错误公式之后，Excel 会弹出对话框提示已经完成对整个工作表的错误检查，如图 7-43 所示。

图 7-43　完成检查

7.5 ▶ 引用

7.5.1 单元格的相对引用

单元格的相对引用指的是，在应用公式过程中，单元格引用其他单元格格式时，会随着单元格的递增而递增，比如在 B1 单元格中输入公式"=A1"，那么利用向下快速填充到 B2 单元格时公式会自动跳转为"=A2"，如图 7-44 所示。

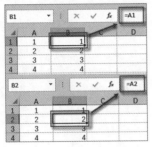

图 7-44　相对引用（1）

同理，如果向右快速填充，则 C1 单元格中的公式会从"=A1"转换成"=B1"，如图 7-45 所示。

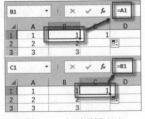

图 7-45　相对引用（2）

7.5.2 单元格的绝对引用

绝对引用和相对引用不同的是，它不会随着单元格的变化而变化，而是绝对引用固定的单元格数据。绝对引用是利用"$"符号来限定的，比如在 B1 单元格中输入"$A$1"，那么利用向下快速填充到 B2 单元格时公式依旧

在 Excel 中，默认的引用格式是相对引用，相对引用的应用也很广泛，如图 7-46 所示。

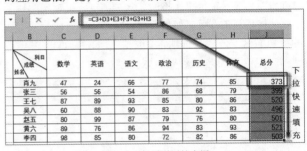

图 7-46　相对引用的应用

在总分栏 J3 单元格处输入公式"=C3+D3+E3+F3+G3+H3"，下拉填充即可完成单元格 J3:J9 相对引用单元格 C3:H9 的数据进行计算。

是"$A$1"，如图 7-47 所示。

例如，在计算平均数时就要用到绝对引用，可以用总计分数栏的数据除以班级人数，所以绝对引用"$B$1"的数据，如图 7-48 所示。

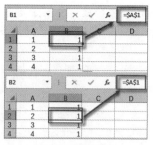

图 7-47　绝对引用

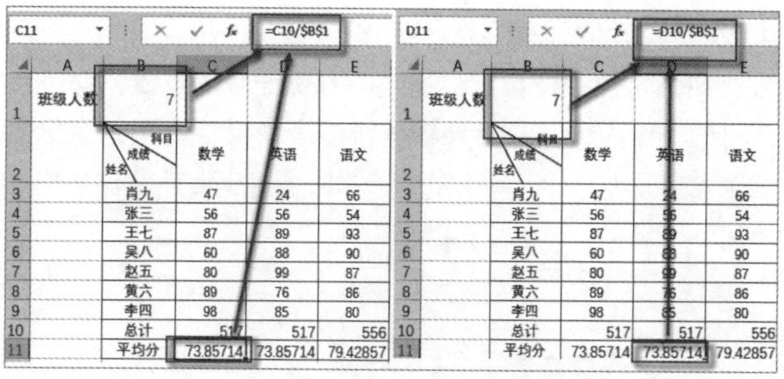

图 7-48　绝对引用的应用

7.5.3　单元格的混合引用

如果在计算过程中需要单独限制行或列不变，则可以使用 "$" 符号单独限制行号或者列号，比如 "$C1" 是限制C列的数值，"C$1" 则是限制行1的数值，如图7-49所示。

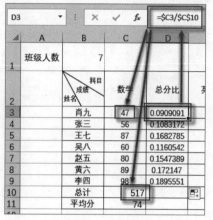

图 7-49　混合引用

读书笔记

7.6　专家点拨

7.6.1　快速录入数据

这里结合一个简单的案例来介绍在工作中如何快速录入某些数据。

1. 序号数据

首先在 A2 单元格中输入数值 "1"，接着按住 Ctrl 键，再将鼠标光标移至该单元格右下角直至鼠标转换成╫，按住鼠标左键往下拖曳，即可完成序号数据的输入，如图 7-50 所示。

图 7-50　序号数据录入

2. 日期序列

首先在 B2 单元格中输入日期，比如输入 "2018 年 12 月 1 日"，接着将鼠标移至该单元格右下角直至鼠标光标转换成＋，按住鼠标左键往下拖曳即可完成日期的快速填充，如图 7-51 所示。

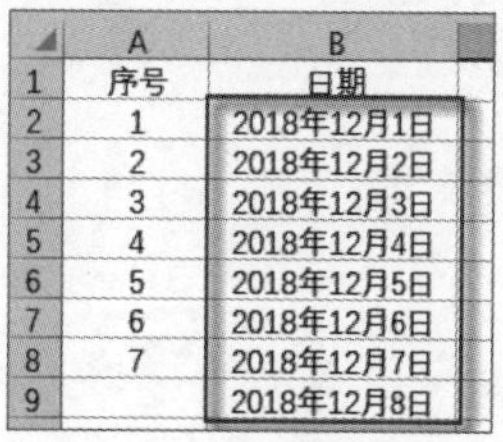

	A	B
1	序号	日期
2	1	2018年12月1日
3	2	2018年12月2日
4	3	2018年12月3日
5	4	2018年12月4日
6	5	2018年12月5日
7	6	2018年12月6日
8	7	2018年12月7日
9		2018年12月8日

图 7-51　日期序列录入

3. 身份证号码数据

如果是前几位数字都相同的身份证号码录入，假设在 C 列的一个单元格中已经输入了一个身份证号码，这里先选中"C"列，右击，在弹出的快捷菜单中选择"设置单元格格式"命令，如图 7-52 所示。

图 7-52　设置格式

接着在弹出的"设置单元格格式"对话框中选择"数字"选项卡，在"分类"列表框中选择"自定义"选项，在"类型"文本框中填入所需要的格式，比如共 13 位数字，假设前六位都是相同的 123456，则可以输入"123456"，然后在后边输入"0#"即可，如图 7-53 所示。

图 7-53　自定义设置

在 C 列中输入后 7 位数，按 Enter 键即可完成 13 位数字的输入，如图 7-54 所示。

图 7-54　完成身份证数字输入

4. 任意单元格输入同一文本内容

如果要在无规律的各个单元格中输入同一文本内容，那么可以先按住 Ctrl 键选中各个单元格，如图 7-55 所示，然后松开 Ctrl 键后输入想要输入的内容，再按 Ctrl+Enter 快捷键即可完成输入，如图 7-56 所示。

图 7-55　选中单元格　　图 7-56　快速输入同一文本内容

读书笔记

7.6.2 养成使用 Excel 存储数据的好习惯

在平时的工作中要养成使用 Excel 存储数据的好习惯，以下两个好习惯要牢记。

1. 数据与单位分离

在 Excel 表格中输入数据时，建议将带单位的数据用两个单元格来录入，以免在后续数据处理时增添不必要的麻烦，如图 7-57 所示。

图 7-57　数据与单位分离

2. 保护工作表中的公式不被修改

在办公过程中，为了表格数据的准确性，用户可以选择将单元格的公式锁定保护而不被其他人修改，操作步骤如下。

1）首先选中需要保护的单元格，接着右击，并在弹出的快捷菜单中选择"设置单元格格式"命令，如图 7-58 所示，系统弹出"设置单元格格式"对话框。

图 7-58　从快捷菜单中选择"设置单元格格式"

2）在"设置单元格格式"对话框中切换至"保护"选项卡，选中"锁定"复选框，如果要把公式隐藏起来，则选中"隐藏"复选框，如图 7-59 所示。

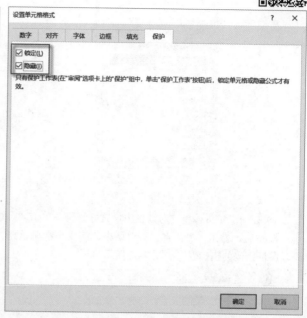

图 7-59　锁定及隐藏

注　意

因为 Excel 中默认单元格是锁定的，所以需要将可供用户编辑的区域设置为非锁定状态，方法是选中可编辑单元格区域，并在"设置单元格格式"对话框的"保护"选项卡中将"锁定"复选框取消选中。

3）单击"确定"按钮设置好锁定后，在功能区"审阅"选项卡的"更改"面板中单击"保护工作表"按钮，如图 7-60 所示，系统弹出"保护工作表"对话框。

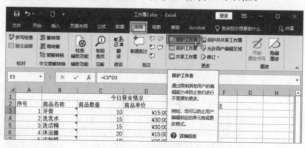

图 7-60　保护工作表

4）在"保护工作表"对话框中确保选中"保护工作表及锁定的单元格内容"复选框，在"取消工作表保护时使用的密码"文本框中输入密码，默认情况下在"允许此工作表的所有用户进行"选项组中只选中了"选定锁定单元格"复选框和"选定未锁定单元格"复选框，如图 7-61 所示。

图 7-61 "保护工作表"对话框

5) 在"保护工作表"对话框中设置好密码并单击"确定"按钮后,弹出"确认密码"对话框,需要再次确认密码以保证密码的正确性,如图 7-62 所示。

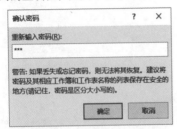

图 7-62 确认密码

6) 确认完密码后就完成了单元格的锁定保护。如果前面选中了"隐藏"复选框,那么单元格内的公式也不会显

7.6.3 区别数位文本和数值

如果在默认格式的单元格中输入了超过 12 位的数字,按 Enter 键完成输入后,数字会转换成科学记数法计数,如图 7-65 所示。

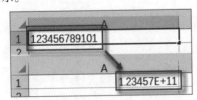

图 7-65 科学记数

如果想将数字文本显示出来,可以在数字串前面加一个单引号"'",如图 7-66 所示。

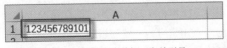

图 7-66 在数字串前加一个单引号

转换成文本形式后可以发现,以文本形式输入的数字内容默认靠左,而以数字形式输入的数字内容默认靠右,

示出来,如图 7-63 所示。

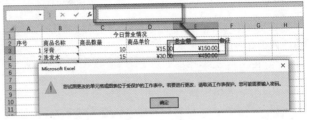

图 7-63 设置效果

如果单元格不想被用户选中,那么可以在"保护工作表"对话框中取消选中"选定锁定单元格"复选框,如图 7-64 所示。

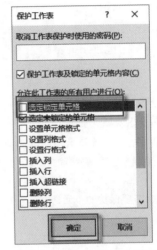

图 7-64 对"选定锁定单元格"进行设置

如图 7-67 所示。

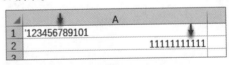

图 7-67 默认对齐方式

还有另外一种方式,可以使在单元格中显示超过 12 位的数字而不会转换成科学记数法。首先选中需要输入数字串的单元格,右击,在弹出的快捷菜单中选择"设置单元格格式"命令,如图 7-68 所示。接着在弹出的"设置单元格格式"对话框中切换至"数字"选项卡,从"分类"列表框中选择"文本"选项,如图 7-69 所示,然后单击"确定"按钮。

设置完成后就可以在该单元格中输入长数字串了,如图 7-70 所示。

不过文本形式的数字是不会自动计入计算行列的,而常规数字则会计入,如图 7-71 所示。

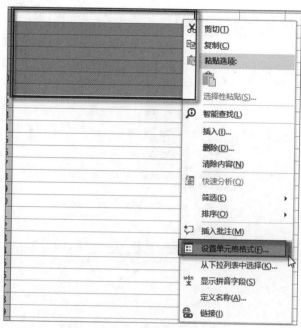

图 7-68　设置单元格格式

除了将单元格格式转换成文本之外，还可以在"设置单元格格式"对话框的"数字"选项卡上，从"分类"列表框中选择"数值"选项，然后合理调整"小数位数"即可正确地显示长数字串了，如图 7-72 所示。

图 7-72　合理设置数值小数位数

数位文本和数据的另外一个区别在于筛选。数据的筛选是根据数据的大小排列的，如图 7-73 所示；而数位文本的排序则是根据第一位的数字大小来排序的，如图 7-74 所示。

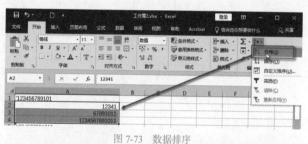

图 7-73　数据排序

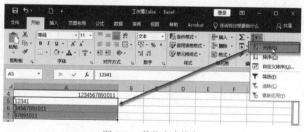

图 7-74　数位文本排序

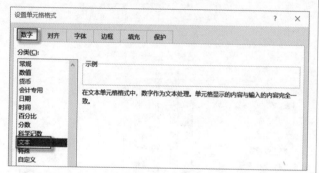

图 7-69　设置为文本格式

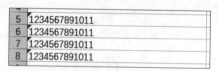

图 7-70　文本显示

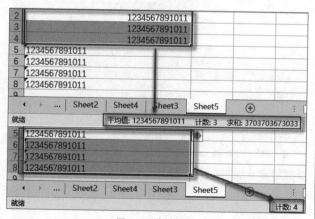

图 7-71　自动计算

读书笔记

下面利用本章的知识点来制作一个营业情况信息表，操作步骤如下。

1）首先创建一个空白的工作簿，将 A1:G1 单元格合并并居中，并输入"本周营业情况"文本内容，在 A2:G2 单元格中分别填上表头内容，如图 7-75 所示。

	A	B	C	D	E	F	G
1				本周营业情况			
2	序号	品名	单价	单位	数量	总金额	税后金额
3							

图 7-75 制作表头

2）在 A3 单元格输入数字"1"，将鼠标光标移至 A3 单元格右下角，按住 Ctrl 键并按住鼠标左键拖曳以快速填充序号，如图 7-76 所示。

图 7-76 填充序号

3）在单元格 B3:D11 中输入相关的商品信息，如图 7-77 所示。

	A	B	C	D
1				本周营业情况
2	序号	品名	单价	单位
3	1	牙膏	¥15.00	支
4	2	洗发水	¥50.00	瓶
5	3	沐浴露	¥50.00	瓶
6	4	洗洁精	¥15.00	瓶
7	5	洗手液	¥20.00	瓶
8	6	剃须刀	¥80.00	把
9	7	拖鞋	¥15.00	双
10	8	毛巾	¥10.00	条
11	9	牙刷	¥10.00	支

图 7-77 商品信息

4）选中 C3:C11 单元格，右击并在弹出的快捷菜单中选择"设置单元格格式"命令，弹出"设置单元格格式"对话框，在"数字"选项卡的"分类"列表框中选择"货币"选项后单击"确定"按钮，即可将"单价"列的数据转换为货币数据，如图 7-78 所示。

5）由于"总金额＝单价 × 数量"，所以在 F3 单元格中输入公式"=C3*E3"，因为需要逐行进行计算，所以不采用绝对引用或者混合引用的方式，如图 7-79 所示。

6）将公式填充到单元格 F4:F11 中，如图 7-80 所示。

7）填充完公式之后，在单元格 E3:E11 中分别填入数

图 7-78 转换货币数据

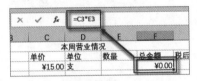

图 7-79 填入公式

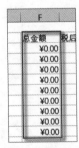

图 7-80 填充公式

量数字，对应的 F 列中便会自动生成总金额，如图 7-81 所示。

	C	D	E	F
		本周营业情况		
	单价	单位	数量	总金额
	¥15.00	支	2	¥30.00
	¥50.00	瓶	5	¥250.00
	¥50.00	瓶	6	¥300.00
	¥15.00	瓶	5	¥75.00
	¥20.00	瓶	5	¥100.00
	¥80.00	把	5	¥400.00
	¥15.00	双	7	¥105.00
	¥10.00	条	9	¥90.00
	¥10.00	支	10	¥100.00

图 7-81 计算结果

8）如果想要计算每一个金额扣税后的价格，首先在 H1 单元格处填写税率，如"9%"，然后在 G3 单元格输入公式"=F3*(1–$H$1)"，因为是绝对引用单元格"H1"处的数据，所以用"$H$1"来限定，如图 7-82 所示。

図 7-82 绝对引用

9）再将该公式填充到 G 列的单元格即可完成后续数据的计算，如图 7-83 所示。

序号	品名	单价	单位	数量	总金额	税后金额
						9%
本周营业情况						
1	牙膏	¥15.00	支	2	¥30.00	¥27.30
2	洗发水	¥50.00	瓶	5	¥250.00	¥227.50
3	沐浴露	¥50.00	瓶	6	¥300.00	¥273.00
4	洗洁精	¥15.00	瓶	5	¥75.00	¥68.25
5	洗手液	¥20.00	瓶	5	¥100.00	¥91.00
6	剃须刀	¥80.00	把	5	¥400.00	¥364.00
7	拖鞋	¥15.00	双	7	¥105.00	¥95.55
8	毛巾	¥10.00	条	9	¥90.00	¥81.90
9	牙刷	¥10.00	支	10	¥100.00	¥91.00

图 7-83 最终效果

10）最后可以自行设置相关单元格的内容对齐方式等。

7.8 自学拓展小技巧

7.8.1 快速拆分数据

如果想对单元格内的数据进行拆分，那么可以使用 Ctrl+E 快捷键进行快速拆分，比如要将 A 列的数据拆分进 B 列和 C 列中，如图 7-84 所示。其快速拆分数据的步骤如下。

	A	B	C
1		品名	价格
2	牙膏15		
3	洗发水50		
4	沐浴露50		
5	洗洁精15		
6	洗手液20		
7	剃须刀80		
8	拖鞋15		
9	毛巾10		
10	牙刷10		

图 7-84 数据信息

1）在单元格 B2:C2 中输入"牙膏"及"15"，如图 7-85 所示。

	A	B	C
1		品名	价格
2	牙膏15	牙膏	15
3	洗发水50		
4	沐浴露50		
5	洗洁精15		
6	洗手液20		
7	剃须刀80		
8	拖鞋15		
9	毛巾10		
10	牙刷10		

图 7-85 输入例子

2）选中单元格"A3:A10"，按 Ctrl+C 快捷键复制后选中单元格 B3，按 Ctrl+E 快捷键，如图 7-86 所示。

3）接着选中单元格 C3，再次按 Ctrl+E 快捷键即可拆分价格部分，如图 7-87 所示。

4）选中 C 列，右击，在弹出的快捷菜单中选择"设置单元格格式"命令后，弹出"设置单元格格式"对话框，从"数字"选项卡的"分类"列表框中选择"货币"选项，

并将小数位数设置为 2，从"货币符号（国家 / 地区）"下拉列表框中选择"¥"，如图 7-88 所示，然后单击"确定"按钮。

	A	B	C	D
1		品名	价格	
2	牙膏15	牙膏	15	
3	洗发水50	洗发水		
4	沐浴露50	沐浴露		
5	洗洁精15	洗洁精		
6	洗手液20	洗手液	← Ctrl+E	
7	剃须刀80	剃须刀		
8	拖鞋15	拖鞋		
9	毛巾10	毛巾		
10	牙刷10	牙刷		
11		Ctrl+C		

图 7-86 拆分数据

	A	B	C	D
1		品名	价格	
2	牙膏15	牙膏	15	
3	洗发水50	洗发水	50	
4	沐浴露50	沐浴露	50	
5	洗洁精15	洗洁精	15	
6	洗手液20	洗手液	20	
7	剃须刀80	剃须刀	80	
8	拖鞋15	拖鞋	15	
9	毛巾10	毛巾	10	
10	牙刷10	牙刷	10	

图 7-87 拆分价格

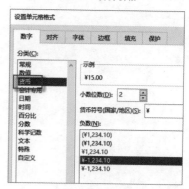

图 7-88 货币格式

最终效果如图7-89所示。

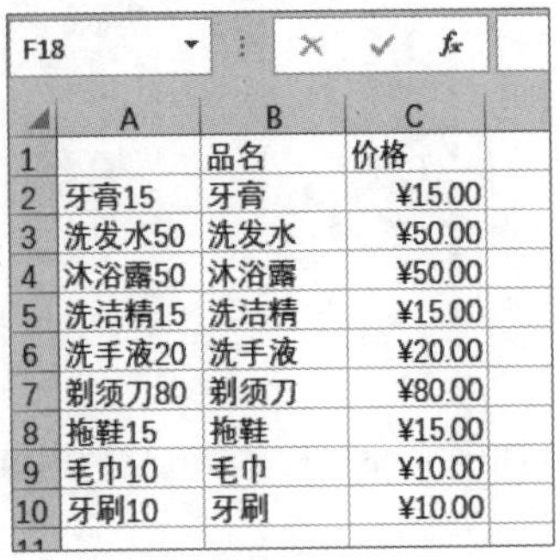

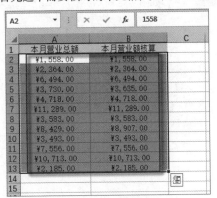

图 7-89　拆分后的最终效果

7.8.2　一键核对

核对数据时，可以使用 Ctrl+\ 快捷键进行快速核对，操作步骤如下。

1）首先选中需要核对的单元格，如图7-90所示。

2）按 Ctrl+\ 快捷键便可快速核对其中数据有误的单元格，如图7-91所示。

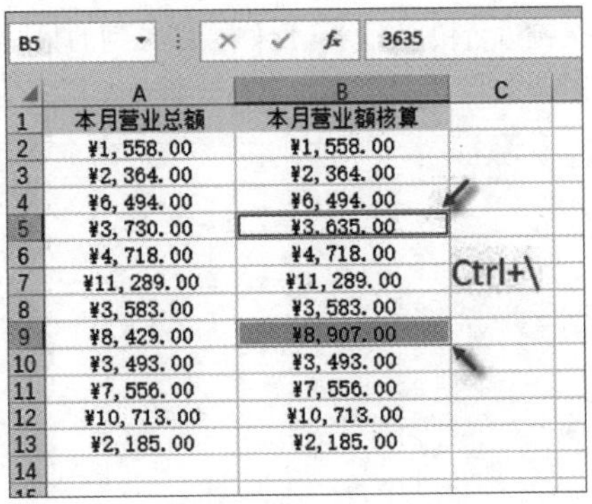

图 7-90　选中单元格

图 7-91　核对效果

第 8 章

Excel 公式、函数应用

◎ **本章导读：**

在高效商务办公中，很多时候会应用到Excel公式和函数。本章主要介绍Excel数据名称与公式基础，字符串函数，逻辑函数，数字函数，查找函数，以及数据库函数。

Excel 数据名称与公式基础的知识点主要包括定义名称、名称应用和使用公式的基本技巧。

8.1.1 定义名称

Excel 在使用公式计算的过程中，用户可以给单元格定义名称以区分数据的类型。对名称进行合理化定义，可以使单元格的位置和类型更加地直观、明确。

1）首先选中要定义名称的单元格，如选择 E3:E8 单元格，接着在功能区"公式"选项卡的"定义的名称"面板中单击"定义名称"按钮 ，如图 8-1 所示。

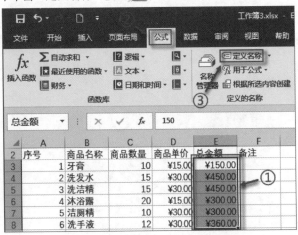

图 8-1　定义名称

2）在弹出的"编辑名称"对话框中指定名称、范围和备注等，如图 8-2 所示。

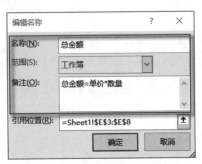

图 8-2　"编辑名称"对话框

3）单击"确定"按钮即可完成对所选单元格名称的定义。

如果不需要对范围和备注信息进行填写，也可以直接在单元格左上方的文本框中定义名称，如先选中单元格 D3:D8，接着在左上角的文本框中修改名称为"单价"，即可完成设置，如图 8-3 所示。

图 8-3　快速定义

8.1.2 名称的应用

在给单元格定义名称之后，后续公式中如果需要调用该组单元格数据，那么直接输入该组单元格的名称即可，如图 8-4 所示。

图 8-4　名称应用

只要在数据区将名称填写上去，便会自动提取该组的数据。

读书笔记

8.1.3 使用公式的基本技巧

使用公式有很多技巧，这里介绍常用的基本技巧，方法如下。

1）首先选中要输入公式的单元格，接着单击"插入函数"按钮 *fx*，如图 8-5 所示。

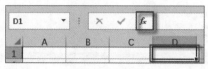

图 8-5 插入函数

2）在弹出的"插入函数"对话框中搜索函数或选择类别进行筛选，如图 8-6 所示。

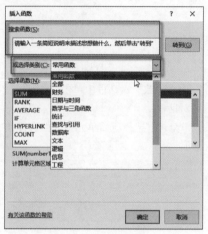

图 8-6 函数搜索及分类

3）选中所需要的函数后单击"确定"按钮。以选择函数"SUM"为例，确定后系统会弹出一个"函数参数"对话框，在"Number1"及后续的数据栏中填写数据，可以手动写上单元格的位置，比如"A1"，也可以直接在表格中单击所需单元格，如为"Number2"数据栏单击"B2"

单元格，如图 8-7 所示。

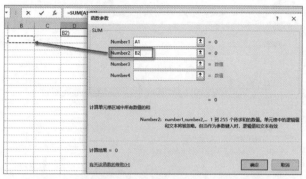

图 8-7 填写数据

如果需要选择多个单元格，直接在表格中按住鼠标左键拖曳选择即可，如图 8-8 所示。

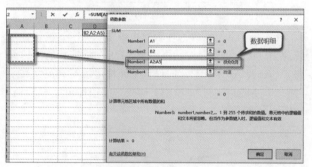

图 8-8 为数据栏指定多个单元格

4）单击"确定"按钮，便完成了公式的插入及数据的填写，如图 8-9 所示。

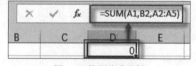

图 8-9 使用公式示例

8.2 字符串函数

8.2.1 LOWER、UPPER、PROPER 函数

LOWER、UPPER、PROPER 函数可以对文本内容的大小写进行转换。

1. LOWER 函数

LOWER 函数可以将单元格中字符串的所有大写字母转换为小写字母。

1）首先选中所需单元格，如选择 B1 单元格，单击"插入函数"按钮 *fx*，接着在弹出的"插入函数"对话框中选择"文本"类别，然后选择"LOWER"函数，或者直接在"搜索函数"文本框中输入"LOWER"后单击"转到"按钮，如图 8-10 所示。

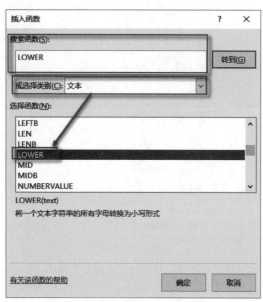

图 8-10　LOWER 函数

2）在"插入函数"对话框中单击"确定"按钮，系统弹出"函数参数"对话框，为"Text"框选择所需单元格，如选择 A1 单元格（假设该单元格里填写有英文文本"Nice To Meet You."），单击"确定"按钮即可完成转换，如图 8-11 所示。

图 8-11　参数填入（1）

完成转换的效果如图 8-12 所示。

图 8-12　公式效果（1）

2. UPPER 函数

UPPER 函数跟 LOWER 函数是相反的效果，它是将单元格中字符串的所有小写字母转换为大写字母的函数。

1）首先选中所需单元格，如选择 B2 单元格，单击"插入函数"按钮 *fx*，接着在弹出的"插入函数"对话框中选择"文本"类别，然后选择"UPPER"函数，或者直接在"搜索函数"文本框中输入"UPPER"后单击"转到"按钮，如图 8-13 所示。

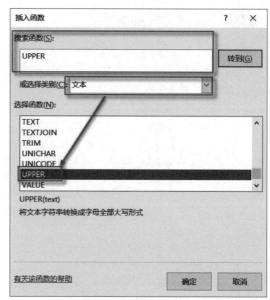

图 8-13　UPPER 函数

2）在"插入函数"对话框中单击"确定"按钮，弹出"函数参数"对话框。

3）为"Text"框选择所需单元格，如选择 A1 单元格，如图 8-14 所示。

图 8-14　参数输入（2）

4）在"函数参数"对话框中单击"确定"按钮即可完成转换。转换效果如图 8-15 所示。

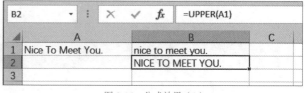

图 8-15　公式效果（2）

3. PROPER 函数

PROPER 函数是将单元格中字符串的英文单词的第一个字母转换成大写字母的函数。

1）首先选中所选单元格，如选择 B3 单元格，单击"插入函数"按钮 *fx*，弹出"插入函数"对话框。

2）在"插入函数"对话框中选择"文本"类别，在文本函数列表中选择"PROPER"函数，或者直接在"搜索函数"文本框中输入"PROPER"后单击"转到"按钮，如图 8-16 所示。然后单击"确定"按钮，弹出"函数参数"对话框。

图 8-16　PROPER 函数

8.2.2 LEFT、RIGHT、MID 函数

LEFT、RIGHT、MID 函数用来从单元格内容中提取部分字符。

1. LEFT 函数

LEFT（text,num_chars）函数的功能是从一个文本字符串的第一个字符开始返回指定个数的字符，即在文本内容中从左到右提取 N 个字符的内容。

1）首先选中所需单元格，如选中 B2 单元格，接着单击"插入函数"按钮 f_x，弹出"插入函数"对话框，选择"文本"类别，然后选择"LEFT"函数，或者直接在"搜索函数"文本框中输入"LEFT"后单击"转到"按钮，如图 8-19 所示。

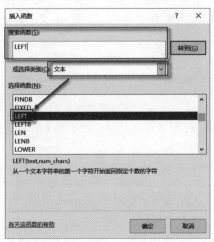

图 8-19　LEFT 函数

3）在"函数参数"对话框中，为"Text"文本框选择所需单元格，如选择 A2 单元格（假设该单元格已有英文文本"nice to meet you."），如图 8-17 所示。

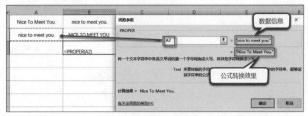

图 8-17　参数填入（3）

4）单击"函数参数"对话框中的"确定"按钮即可完成转换，转换效果如图 8-18 所示。

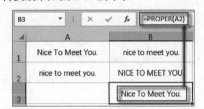

图 8-18　公式效果（3）

2）在"插入函数"对话框中单击"确定"按钮，系统弹出"函数参数"对话框。

3）在"函数参数"对话框中，为"Text"框选择所需的单元格，如选择单元格 A2:A11，在"Num_chars"一栏中填入需要提取的字符数量"2"，即从商品名中提取出前两位产地名称，如图 8-20 所示。

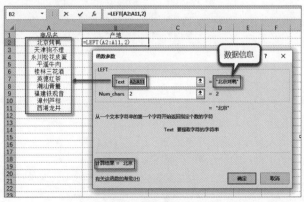

图 8-20　函数参数填入

4）在"函数参数"对话框中单击"确定"按钮，即可完成公式计算，公式计算结果如图 8-21（左）所示，再使用鼠标拖曳 B2 单元格右下角进行自动填充，结果如图 8-21（右）所示。

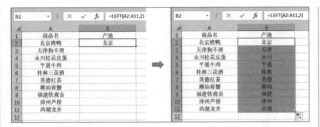

图 8-21　公式结果与自动填充效果

2. RIGHT 函数

RIGHT 函数跟 LEFT 函数是相反的，RIGHT（text，num_chars）函数功能是从一个文本字符串的最后一个字符开始返回指定个数的字符，即在文本内容中从右到左提取 N 个字符的内容。

1）首先选中所需单元格，如选择空的单元格 B2，单击"插入函数"按钮 f_x，弹出"插入函数"对话框，选择"文本"类别，然后选择"RIGHT"函数，或者直接在"搜索函数"文本框中输入"RIGHT"后单击"转到"按钮，如图 8-22 所示。

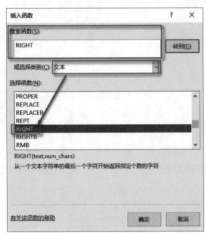

图 8-22　RIGHT 函数

2）在"插入函数"对话框中单击"确定"按钮，弹出"函数参数"对话框。

3）为"Text"框选择所需单元格以指定要提取字符的字符串，在本例中选择单元格 A2，在"Num_chars"一栏中填入需要提取的字符数量"8"，即从联系方式中提取不带区号的 8 位电话号码，如图 8-23 所示。

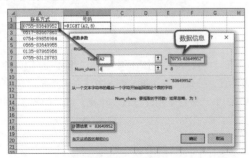

图 8-23　参数选择

4）在"函数参数"对话框中单击"确定"按钮，公式计算效果如图 8-24 所示。此时，可以用鼠标拖曳 B2 单元格右下角向下快速填充，从而完成 B 列其他单元格的 8 位电话号码的提取。

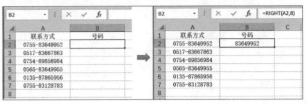

图 8-24　填充效果

知识点拨

如果按住单元格的右下角向内拖动，则可以清除该单元格的内容。

3. MID 函数

MID 函数跟 LEFT 函数一样都是按从左往右的方向提取字符，不过 MID 函数不仅可以从第一个字符起，也可以从中间某个字符开始数。

1）首先选中单元格"C2"，单击"插入函数"按钮 f_x，接着在弹出的"插入函数"对话框中选择"文本"类别，并从其函数列表中选择"MID"函数，或者直接在"搜索函数"文本框中输入"MID"后单击"转到"按钮，如图 8-25 所示。

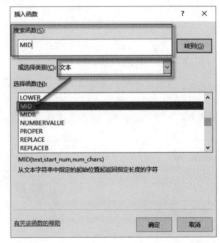

图 8-25　MID 函数

2）单击"插入函数"对话框的"确定"按钮，弹出"函数参数"对话框。

3）"函数参数"对话框的"Text"框用于指定准备从中提取字符串的文本字符串，这里选择单元格 B2，接着在"Start_num"框中输入要开始的字符位置（即指定准备提取的第一个字符的位置，Text 中的第一个字符为 1），再在"Num_chars"框中输入需要提取的字符串长度，如设置

"Start_num"的值为7，设置"Num_chars"的值为4，则从身份证号中提取4位年份数，如图8-26所示。

数从身份证中提取年份数据，最终完成结果如图8-28所示。

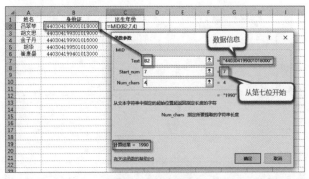

图 8-26　提取参数选择

4）在"函数参数"对话框中单击"确定"按钮，公式计算效果如图8-27所示。使用同样的方法，应用MID函

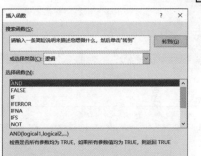

图 8-27　第一次应用 MID 函数的结果

	姓名	身份证	出生年份
1	姓名	身份证	出生年份
2	吕翠琴	4403041990010180000	1990
3	胡文思	4403041993010190000	1993
4	金子丹	4403041990010160000	1999
5	胡华	4403041995010100000	1995
6	崔康盛	4403041994010130000	1994

图 8-28　其他结果

8.3　逻辑函数

8.3.1　AND 函数

AND 函数是用来增加检验条件的函数，根据所输入的参数"Logical1"及后续条件"Logical2"等条件，来判断数据是否符合逻辑，计算的结果会返回 TRUE 或者FALSE。如果所有参数值都为 TRUE，则返回结果 TRUE，如果其中有任何参数值为 FALSE，则返回结果 FALSE。

下面举一个简单的例子，来判断学生期末成绩是否符合标准，从而返回 TRUE 或者 FALSE。

1）首先选中 E2 单元格，如图 8-29 所示，单击"插入函数"按钮，系统弹出"插入函数"对话框，选择"逻辑"类别，接着从其列表中选择"AND"函数，如图 8-30所示，或者直接在"搜索函数"文本框中输入"AND"后单击"转到"按钮。

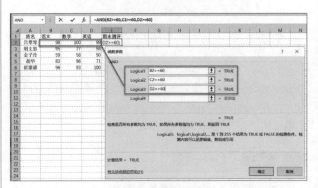

图 8-30　"插入函数"对话框

	A	B	C	D	E	F
1	姓名	语文	数学	英语	期末测评	
2	吕翠琴	98	100	99		
3	胡文思	95	77	58		
4	金子丹	59	58	50		
5	胡华	83	96	71		
6	崔康盛	96	93	100		
7						

图 8-29　选择要编辑的一个单元格

2）在"插入函数"对话框中单击"确定"按钮，弹出"函数参数"对话框。

3）在"函数参数"对话框的"Logical1"框中输入"B2>=60"，在"Logical2"框中输入"C2>=60"，在"Logical3"框中输入"D2>=60"如图8-31所示。

图 8-31　参数范围选择

4）在"函数参数"对话框中单击"确定"按钮，如果条件全部符合，则会返回 TRUE，如图 8-32 所示。

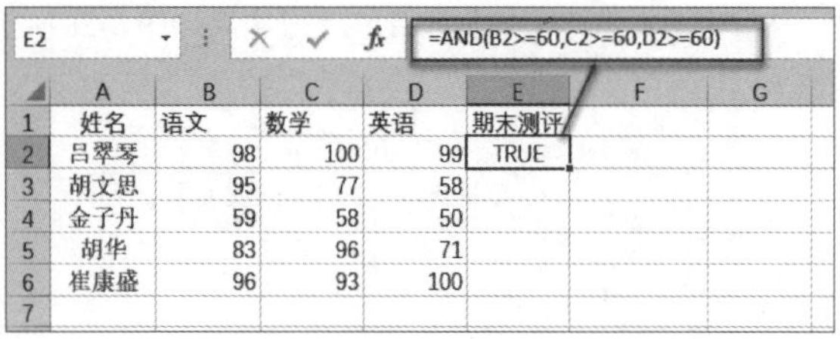

图 8-32　公式效果

快速填充公式到单元格 E3:E6 中，就可以快速判断数据组是否符合条件，如图 8-33 所示。

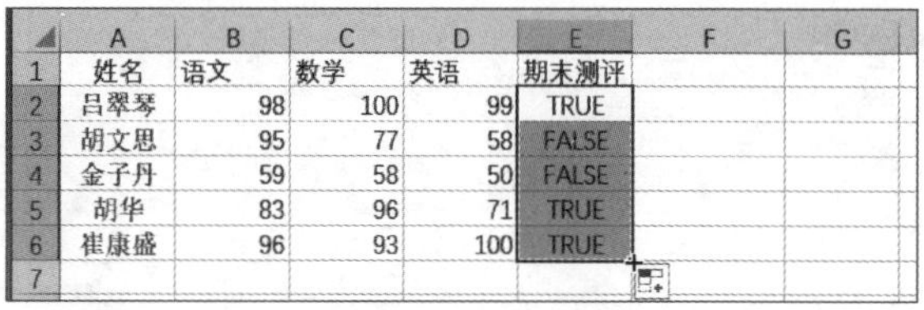

图 8-33　公式填充

8.3.2　IF 函数

IF 函数是根据指定条件来判断数值，并根据判断结果返回相应的结果。

1）首先选中单元格 F2，单击"插入函数"按钮 *fx*，系统弹出"插入函数"对话框。选择"逻辑"类别，接着选择"IF"函数，或者直接在"搜索函数"文本框中输入"IF"后单击"转到"按钮，如图 8-34 所示。

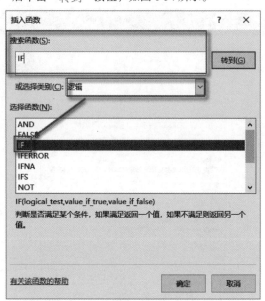

图 8-34　IF 函数

2）在"插入函数"对话框中单击"确定"按钮，弹出"函数参数"对话框。

3）在"Logical_test"框中输入"B2>90"，然后在"Value_if_true"框中输入如果逻辑成立所要返回的值，如"是"，在"Value_if_false"框中填入如果不成立所要返回的值，如"否"，如图 8-35 所示。

8.3.3　OR 函数

OR 函数跟"AND"函数有点相似，但是在"OR"函数中，只要任一参数值为 TRUE，则最后结果返回 TRUE；只有在所有参数值均为 FALSE 时，结果才会返回 FALSE。

图 8-35　IF 函数参数输入

4）在"函数参数"对话框中单击"确定"按钮，公式计算结果如图 8-36 所示。

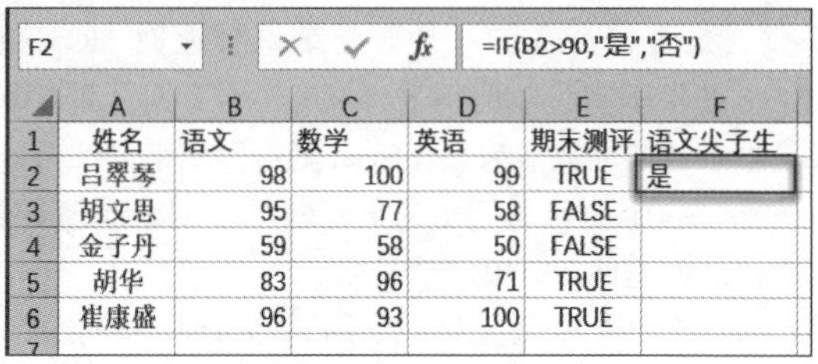

图 8-36　公式效果 2

选中"F2"单元格，快速填充公式到单元格 F3:F6，结果如图 8-37 所示。

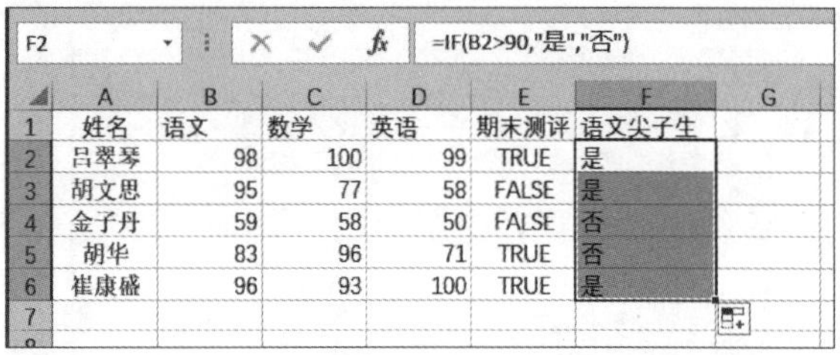

图 8-37　公式填充 2

1）首先选中单元格 F2，单击"插入函数"按钮 *fx*，弹出"插入函数"对话框。选择"逻辑"类别，选择"OR"函数，或者直接在"搜索函数"文本框中输入"OR"后单击"转到"按钮,如图 8-38 所示。

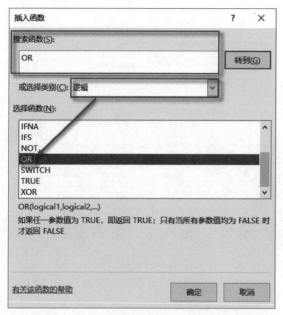

图 8-38 在"插入函数"对话框中选择"OR"函数

2)在"插入函数"对话框中单击"确定"按钮,弹出"函数参数"对话框。

3)在"函数参数"对话框的"Logical1"框输入第一个逻辑条件"B2>500000",在后续框中依次输入"C2>500000""D2>500000""E2>500000",即可判断出员工在四个季度中是否有一次(含一次)以上符合业绩要求,如果有,则返回 TRUE,如果没有,则返回 FALSE,如图 8-39所示。

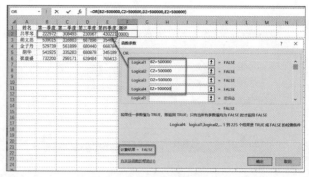

图 8-39 OR 函数参数输入

4)在"函数参数"对话框中单击"确定"按钮,公式计算结果如图 8-40 所示。

	A	B	C	D	E	F
1	姓名	第一季度	第二季度	第三季度	第四季度	测评
2	吕翠琴	222972	308493	230067	430221	FALSE
3	胡文思	539015	316883	687898	354682	
4	金子丹	529739	561899	680440	668784	
5	胡华	541925	335283	680878	345189	
6	崔康盛	732200	299171	639484	765613	

图 8-40 公式计算结果

5)选中刚完成的单元格,快速填充公式到单元格F3:F6 中,如图 8-41 所示。

	A	B	C	D	E	F
1	姓名	第一季度	第二季度	第三季度	第四季度	测评
2	吕翠琴	222972	308493	230067	430221	FALSE
3	胡文思	539015	316883	687898	354682	TRUE
4	金子丹	529739	561899	680440	668784	TRUE
5	胡华	541925	335283	680878	345189	TRUE
6	崔康盛	732200	299171	639484	765613	TRUE

图 8-41 OR 函数公式填充

8.4 数字函数

8.4.1 INT 函数(取整)

INT 函数是将单元格数值向下取整为一个最接近的整数。也就是说,如果数值为正数,则直接去掉小数点后的数字,如果数值为负数,则去掉小数点后的数字并 -1。

1)选中单元格 F2,单击"插入函数"按钮 f_x,系统弹出"插入函数"对话框。在"插入函数"对话框中选择"数学与三角函数"类别,接着选择"INT"函数,或者直接在"搜索函数"文本框中输入"INT"后单击"转到"按钮,如图 8-42 所示。

2)在"插入函数"对话框中单击"确定"按钮,系统弹出"函数参数"对话框。

3)在"函数参数"对话框的"Number"框中输入"E2",如图 8-43 所示。

4)在"函数参数"对话框中单击"确定"按钮,接着拖动单元格 F2 的右下角快速填充其他单元格,公式计算效果如图 8-44 所示。

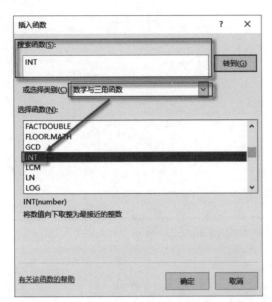

图 8-42　在"插入函数"对话框中选择"INT"函数

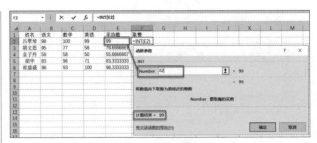

图 8-43　INT 函数参数输入

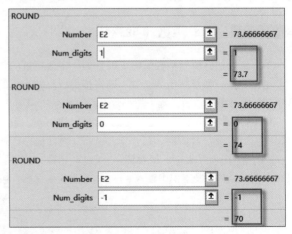

图 8-44　INT 函数公式效果

8.4.2　ROUND 函数（四舍五入）

ROUND 函数是将数字四舍五入到指定位数的函数，即按指定的位数对数值进行四舍五入。

1）首先选中单元格 G2，单击"插入函数"按钮 f_x，接着在弹出的"插入函数"对话框中选择"数学与三角函数"类别，选择"ROUND"函数，或者直接在"搜索函数"文本框中输入"ROUND"后单击"转到"按钮，如图 8-45 所示。

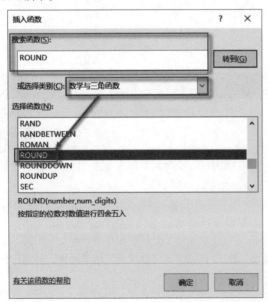

图 8-45　选择 ROUND 函数

2）在"插入函数"对话框中单击"确定"按钮，弹出"函数参数"对话框。

3）在"函数参数"对话框中"Number"框选择数据来源单元格 E2，在"Num_digits"框中输入四舍五入运算的位数。

注　意

如果在"Num_digits"框中输入大于 0 的参数，则四舍五入到指定的小数位数，例如输入"1"则是四舍五入到小数点后一位；如果该栏输入等于 0 的参数，则四舍五入将进行到整数部分；如果该栏输入小于 0 的参数，则四舍五入将进行到小数点左边相应的位数，例如输入"-1"则是四舍五入到 10 的倍数，如图 8-46 所示。

在本例中，将"Num_digits"数值设置为 1。

ROUND
Number　E2　= 73.66666667
Num_digits　1　= 1
= 73.7

ROUND
Number　E2　= 73.66666667
Num_digits　0　= 0
= 74

ROUND
Number　E2　= 73.66666667
Num_digits　-1　= -1
= 70

图 8-46　公式效果

4）在"函数参数"对话框中单击"确定"按钮。

5）下拉快速填充公式到其他单元格，如图 8-47 所示。

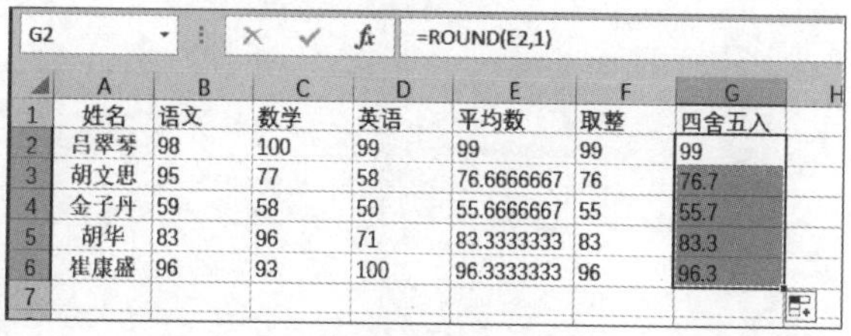

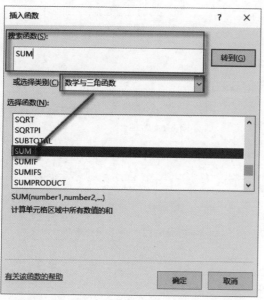

图 8-47　ROUND 函数公式填充

8.4.3　SUM 函数（求和）

SUM 函数用来计算所选的单元格内的数值总和。

1）首先选中单元格 C7，单击"插入函数"按钮 *fx*，系统弹出"插入函数"对话框。在"插入函数"对话框中选择"数学与三角函数"类别，接着选择"SUM"函数，或者直接在"搜索函数"文本框中输入"SUM"后单击"转到"按钮，如图 8-48 所示。

图 8-48　在"插入函数"对话框中选择"SUM"函数

2）在"插入函数"对话框中单击"确定"按钮，弹出"函数参数"对话框。

3）在"函数参数"对话框中的"Number1"及后续的框中选中所需要加入计算的单元格，如计算商品销售数量总和，如图 8-49 所示，然后单击"确定"按钮。

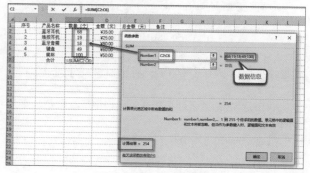

图 8-49　SUM 函数参数选取

8.4.4　SUMIF 函数（条件求和）

SUMIF 函数是根据指定的条件筛选出所选单元格中符合条件的数值，最后求出总和的函数。

1）首先选中单元格 G2，单击"插入函数"按钮 *fx*，接着在弹出的"插入函数"对话框中选择"数学与三角函数"类别，然后选择"SUMIF"函数，或者直接在"搜索函数"文本框中输入"SUMIF"后单击"转到"按钮，如图 8-50 所示。

2）在"插入函数"对话框中单击"确定"按钮，弹出"函数参数"对话框。

3）在"函数参数"对话框中的"Range"框输入要筛选的单元格"$C$2:$C$13"，接着在"Criteria"框中输入筛选的条件"F2"，在"Sum_range"框中输入"$D$2:$D$13"，如图 8-51 所示。

4）在"函数参数"对话框中单击"确定"按钮，公式计算结果如图 8-52 所示。其他两人的操作也类似，可以采用快速填充的方式来完成。

读书笔记

读书笔记

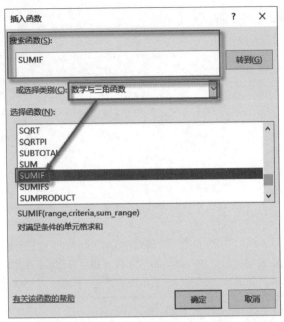

图 8-50 SUMIF 函数

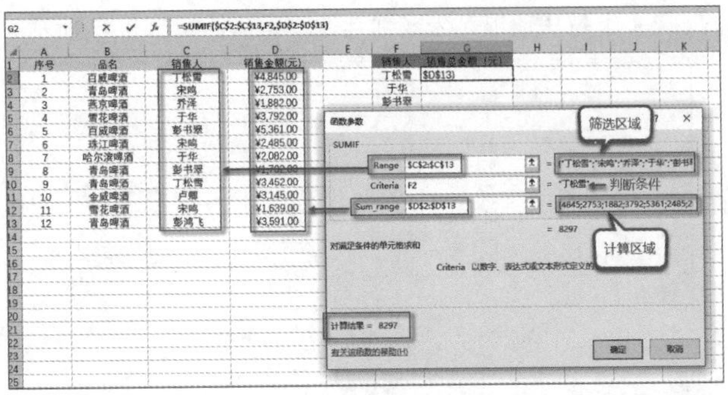

图 8-51 SUMIF 函数参数输入

图 8-52 SUMIF 函数公式效果

8.4.5 AVERAGE 函数（平均数）

　　AVERAGE 函数是计算所选单元格中所有数值的平均值的函数。

　　1）首先选中单元格 D14，单击"插入函数"按钮 ，在弹出的"插入函数"对话框中选择"统计"类别，接着选择"AVERAGE"函数，或者直接在"搜索函数"文本框中输入"AVERAGE"后单击"转到"按钮，如图 8-53 所示。

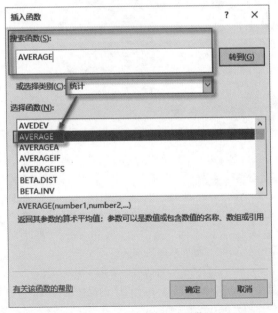

图 8-53 选择 AVERAGE 函数

　　2）在"插入函数"对话框中单击"确定"按钮，弹出"函数参数"对话框。

　　3）在"函数参数"对话框为"Number1"框指定单元格"D2:D13"，如图 8-54 所示。

图 8-54 AVERAGE 函数参数指定

　　4）在"函数参数"对话框中单击"确定"按钮，公式计算效果如图 8-55 所示。

图 8-55 公式计算效果

8.4.6 RANK 函数（数据排序）

RANK 函数是对所选单元格内的数值进行升降序排列的函数。

1）首先选中单元格 F2，单击"插入函数"按钮 fx，接着在弹出的"插入函数"对话框中的"搜索函数"文本框中输入"RANK"后单击"转到"按钮，如图 8-56 所示。

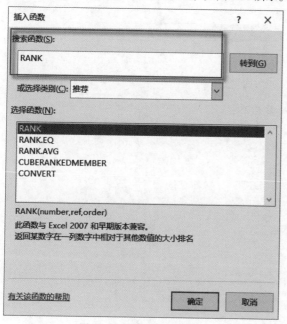

图 8-56 搜索到 RANK 函数

2）在"插入函数"对话框中单击"确定"按钮，弹出"函数参数"对话框。

3）在"函数参数"对话框中，为"Number"框选中所要进行排序的单元格"E2"，在"Ref"框中选中所要排

序的区域，为了防止下拉填充公式的过程中数值区域也随之变化，在"Ref"框中利用"$"符号来限定列号，所以在"Ref"框中填入"E$2:E$10"。在"Order"框中，如果想要作为降序排列，则在该文本框输入"0"或者忽略；如果想要作为升序排列，则在该栏输入不为 0 的数值即可，如图 8-57 所示。然后单击"确定"按钮。

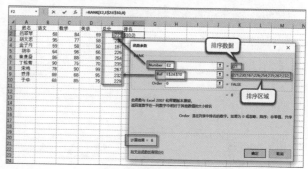

图 8-57 参数输入和选择

4）完成后下拉快速填充公式到其他单元格即可完成学生成绩的降序排序，如图 8-58 所示。

	A	B	C	D	E	F	G
1	姓名	语文	数学	英语	总分	排名	
2	吕翠琴	68	84	69	221	8	
3	胡文思	95	77	58	230	5	
4	金子丹	59	58	50	167	9	
5	胡华	64	96	66	226	7	
6	崔康盛	86	88	80	254	2	
7	丁松雪	90	75	70	235	3	
8	宋鸣	78	90	99	267	1	
9	乔泽	69	68	95	232	4	
10	于华	68	85	76	229	6	

图 8-58 公式效果

8.4.7 COUNTIF（满足数量）

COUNTIF 函数是统计所选区域中满足条件的单元格数量的函数。

1）首先选中单元格 B12，单击"插入函数"按钮 fx，接着在弹出的"插入函数"对话框中选择"统计"类别，然后选择"COUNTIF"函数，或者直接在"搜索函数"文本框中输入"COUNTIF"后单击"转到"按钮，如图 8-59 所示。

2）在"插入函数"对话框中单击"确定"按钮，弹出

"函数参数"对话框。

3）在"函数参数"对话框中的"Range"框选择单元格"B2:B10"，然后在"Criteria"框中输入条件"<60"，如图 8-60 所示。

4）在"函数参数"对话框中单击"确定"按钮，完成设置后便可快速统计出符合条件的单元格数量，如图 8-61 所示。

第 8 章　Excel 公式、函数应用

131

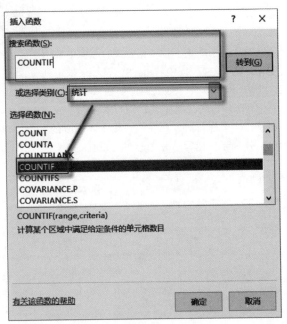

图 8-59 选择 COUNTIF 函数

图 8-61 COUNTIF 函数公式效果

图 8-60 COUNTIF 函数参数输入和选择

8.5 ▶ 查找函数

8.5.1 LOOKUP 函数（快速查找）

LOOKUP 函数是查询行 / 列并查找出另外行 / 列在相同位置的数值的函数。LOOKUP 函数有向量形式和数组形式两种，向量形式就是在单行或单列中查找符合的数值并返回下一个行或列中相同位置的数值，而数组形式则是在首行或首列中查找符合的数值并返回最后一行或最后一列的数值。

LOOKUP 函数着重使用向量形式，数组形式建议使用"VLOOKUP""HLOOKUP"。请看以下范例。

1）首先选中单元格 G2，单击"插入函数"按钮 *fx*，

接着在弹出的"插入函数"对话框中选择"查找与引用"类别，然后选择"LOOKUP"函数，或者直接在"搜索函数"文本框中输入"LOOKUP"后单击"转到"按钮，如图 8-62 所示。

2）在"插入函数"对话框中单击"确定"按钮，系统弹出"选定参数"对话框，从中选择"lookup_value,lookup_vector,result_vector"向量形式，如图 8-63 所示，然后单击"确定"按钮，系统弹出"函数参数"对话框。

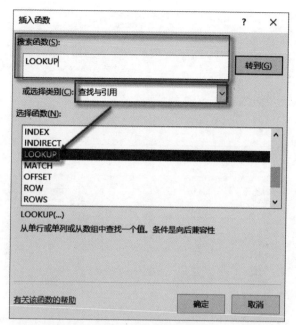

图 8-62 选择 LOOKUP 函数

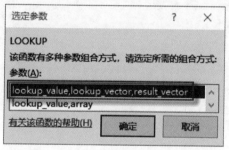

图 8-63 LOOKUP 函数"选定参数"对话框

3）在"Lookup_value"框输入所要寻找的数值"F2"，接着在"Lookup_vector"框中选中所要查找的行 / 列区域，所选的行 / 列区域中的数值需以升序排序，最后在"Result_vector"框中输入所要返回的值所在的行 / 列区域，所选的

8.5.2　VLOOKUP 函数（列查找）

VLOOKUP 函数是在指定列中查找当前行位置的数值的函数。

1）首先选中单元格 G3，单击"插入函数"按钮 f_x，系统弹出"插入函数"对话框，选择"查找与引用"类别，接着从该类别的函数列表中选择"VLOOKUP"函数，或者直接在"搜索函数"文本框中输入"VLOOKUP"后单击"转到"按钮，如图 8-66 所示。

2）在"插入函数"对话框中单击"确定"按钮，弹出"函数参数"对话框。

3）在"函数参数"对话框中的"Lookup_value"框中输入所要查找的值，也可以指定单元格如"E3"，指定单元格后可以在单元格中输入想要查找的数值进行实时查找。接

区域必须与"Lookup_vector"框中所选的区域大小一致，如图 8-64 所示。

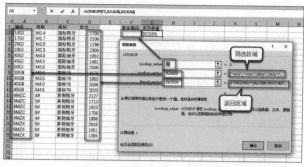

图 8-64 LOOKUP 函数参数输入

4）单击"确定"按钮。此后，在 F2 单元格中输入所需的有效编码，即可查询到该有效编码对应的库存数量。例如，输入编码"17GJ"，即 A3 中的编码，查询结果如图 8-65 所示。

	A	B	C	D	E	F	G
						=LOOKUP(F2,A2:A20,D2:D20)	
1	编码	规格	类别	库存		查询编码	库存数量
2	14GJ	M1.4	国际粗牙	1700		17GJ	2206
3	17GJ	M1.7	国际粗牙	2206			
4	20GJ	M2.0	国际粗牙	1196			
5	23GJ	M2.3	国际粗牙	2300			
6	40GJ	M4.0	国际粗牙	1053			
7	45GJ	M4.5	国际细牙	1481			
8	50GJ	M5.0	国际细牙	2500			
9	30GB	M3.0	国标76	1575			
10	35GB	M3.5	国标76	1953			
11	40GB	M4.0	国标76	2046			
12	45GB	M4.5	国标76	2023			
13	4MZC	4#	美制粗牙	2127			
14	5MZC	5#	美制粗牙	1713			
15	6MZC	6#	美制粗牙	1823			
16	8MZC	8#	美制粗牙	1706			
17	4MZX	4#	美制细牙	1888			
18	5MZX	5#	美制细牙	2916			
19	6MZX	6#	美制细牙	1051			
20	8MZX	8#	美制细牙	1355			

图 8-65 LOOKUP 函数公式效果

着在"Table_array"框中选择所要查找的区域，在"Lookup_value"框中所输入的数值应该位于"Table_array"区域的第一列中。然后在"Col_index_num"框中输入返回数值所在的列的序号，如单价列就输入"3"，最后在"Range_lookup"框中输入 TRUE 或者 FALSE，TRUE 是大致匹配而 FALSE 则是精确匹配，如果不填，默认为 TRUE，如图 8-67 所示。

4）由于不想让筛选区域随着公式的快速填充而变化，所以在"Table_array"框中输入"$A$2:$C$13"来绝对引用单元格 A2:C13，由于总金额还需要利用"单价 × 数量"来计算，所以需要在公式后面添加"*F3"，如图 8-68 所示。

5）将公式填充到单元格 G4:G14 中，便可快速计算出每一个商品的总销售金额，如图 8-69 所示。

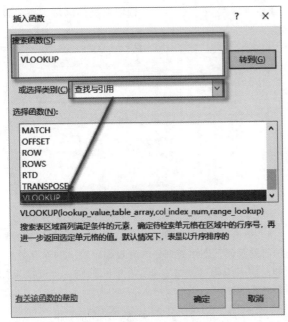

图 8-66 选择 VLOOKUP 函数

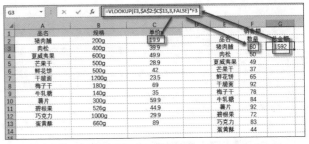

图 8-68 添加乘法

图 8-69 公式效果

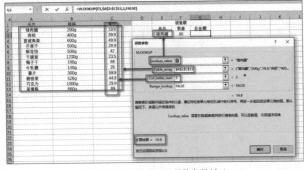

图 8-67 VLOOKUP 函数参数输入

8.5.3 HLOOKUP 函数（行查找）

HLOOKUP 函数是在指定行中查找当前列位置的数值的函数。

1）首先选中单元格 H2，单击"插入函数"按钮 f_x，然后在弹出的"插入函数"对话框中选择"查找与引用"类别，然后选择"HLOOKUP"函数，或者直接在"搜索函数"文本框中输入"HLOOKUP"后单击"转到"按钮，如图 8-70 所示。

2）在"插入函数"对话框中单击"确定"按钮，弹出"函数参数"对话框。

3）在"函数参数"对话框的"Lookup_value"框中输入所要查找的数值或数值来源单元格，如"$H$1"，在"Table_array"框中选择查找的单元格区域，如绝对引用"$A$1:$E$10"单元格，注意，如果是近似匹配，则该区域中第一栏的数值必须是升序排列。接着在"Row_index_num"框中输入所要返回值的行序号，如果该数值小于1，则返回结果"#VALUE!"，如果数值大于"Table_array"中的行数，则返回结果"#REF!"，这里可以使用"ROW(G2)"来返回行序号。最后在"Range_lookup"框中选择 TRUE 近似匹配或者 FALSE 精确匹配，如图 8-71 所示。

4）在"函数参数"对话框中单击"确定"按钮。

5）在单元格 H1 中输入所需要查找的数值后按 Enter 键即可完成数值查找，再应用快速填充后如图 8-72 所示。

读书笔记

Word/Excel/PPT 2019 商务办公完全自学手册

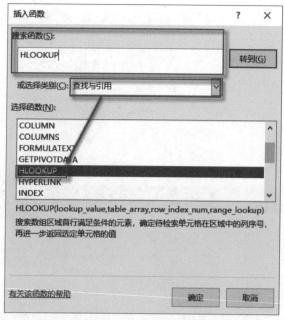

图 8-70 选择 HLOOKUP 函数

图 8-71 HLOOKUP 函数参数输入

姓名	语文	姓名	数学
吕翠琴	68	吕翠琴	84
胡文思	95	胡文思	77
金子丹	59	金子丹	58
胡华	64	胡华	96
崔康盛	86	崔康盛	88
丁松雪	90	丁松雪	75
宋鸣	78	宋鸣	90
乔泽	69	乔泽	68
于华	68	于华	85

图 8-72 HLOOKUP 函数公式效果

8.5.4 CHOOSE 函数(快速选择)

CHOOSE 函数是通过所设定的条件来返回单元格列表中的数值的函数。

1)首先选中单元格 F2,单击"插入函数"按钮 f_x,接着在弹出的"插入函数"对话框中选择"查找与引用"类别,然后选择"CHOOSE"函数,或者直接在"搜索函数"文本框中输入"CHOOSE"后单击"转到"按钮,如图 8-73 所示。

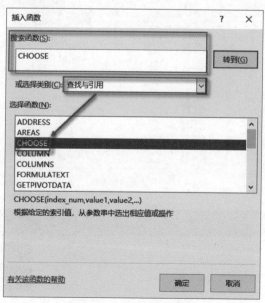

图 8-73 选择 CHOOSE 函数

2)在"插入函数"对话框中单击"确定"按钮,弹出"函数参数"对话框。

3)在"函数参数"对话框中的"Index_num"框中输入所选定的数值参数,该数值必须为1~254的数字,或是能表示1~254的公式计算,如填入公式"IF(E2>255,1,IF(E2>240,2,IF(E2>=180,3,IF(E2<180,4))))"来判断总分层级从而返回1~4。然后在"Value1"及后续的"Value"中依次输入"优秀""良好""及格""不及格",如图 8-74 所示。

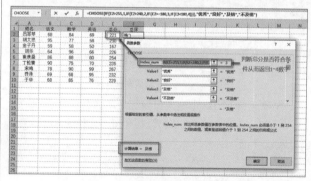

图 8-74 CHOOSE 函数参数输入

4)在"函数参数"对话框中单击"确定"按钮。

5)将公式快速填充到单元格 F3:F10 中即可快速得到该同学的成绩总评,如图 8-75 所示。

图 8-75　快速填充后的公式效果

读书笔记

8.6　数据库函数

数据库函数是用于筛选出数据列表中符合条件的数据并对其进行计算的函数。

数据库函数均由三个参数来决定，分别是"Database""Field""Criteria"。"Database"是选择数据列表区域，"Field"是数据所在列的列标签或者表示该列位置的数值，"Criteria"是能提供筛选数据条件的单元格区域。

以"DSUM(database, field, criteria)"为例，对I2单元格执行插入该函数的操作，在"函数参数"对话框中的"Database"框中输入数据列表区域"A1:D20"，然后在"Field"框中输入"I1"，最后在"Criteria"框中输入条件格式区域"F1:H2"，如图8-76所示。

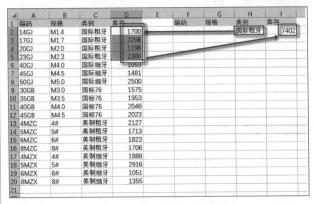

图 8-77　DSUM 函数公式效果

在G2中再次输入规格则可以细分到国际粗牙某一规格的库存总量，如图8-78所示。

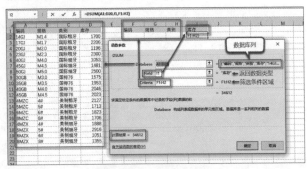

图 8-76　DSUM 函数参数输入

在单元格F2:H2中输入想要筛选的条件，如在H2中输入"国际粗牙"即可完成国际粗牙所有规格的库存计算，如图8-77所示。

图 8-78　多条件筛选

8.7　专家点拨

8.7.1　常用财务函数

1. ACCRINT 函数

ACCRINT 函数是返回定期付息债券的应计利息。

"Issue"是债券的发行日期。

"First_interest"是债券的首次计息日。

"Settlement"是债券的结算日，须在发行日之后，前三个日期形式须使用"DATE"函数输入而不是以文本形式填写，否则会出现计算不了的现象。

"Rate"是债券的年票息率。

"Par"是债券的票面值。

"Frequency"是年付息次数，如一年一付则为"1"，半年一付则为"2"。

"Basis"是日计数的基准类型，输入"0"为30天/360天，"1"为实际/实际，"2"为实际/360天，"3"为实际/365天，"4"为30天/360天。

"Calc_method"为总应计利息计算的方法，如输入TRUE则最终结果返回从发行日到结算日的总应计利息，如输入FALSE则是从首次计息日到结算日的应计利息，如不输则默认为TRUE，如图8-79所示。

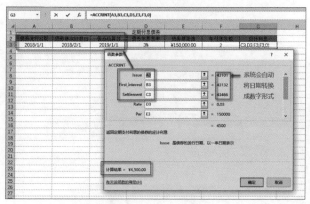

图 8-79　ACCRINT 函数

2. ACCRINTM 函数

ACCRINTM 函数是计算到期日所需支付的债券利息总数的函数。

"Issue"是债券的发行日期。

"Settlement"是债券的结算日，须在发行日之后，前两个日期形式须使用"DATE"函数输入而不是以文本形式填写，否则会出现计算不了的现象。

"Rate"是债券的年票息率。

"Par"是债券的票面值。

"Basis"是日计数的基准类型，输入"0"为30天/360天，"1"为实际/实际，"2"为实际/360天，"3"为实际/365天，"4"为30天/360天，如图8-80所示。

3. CUMPRINC 函数

CUMPRINC 函数是计算一笔贷款在给定期间内累计所需偿还的本金数额。

"Rate"是贷款的利率，利用"年利率/12"即可算出月利率。

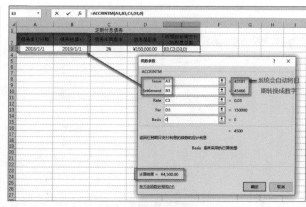

图 8-80　ACCRINTM 函数

"Nper"是总的付款期数，利用"期数*12"即可算出付款月数。

"PV"是现值。

"Start_period"是开始计算的第一期。

"End_period"是结束计算的最后一期。

"Type"是付款的计时方式，"0"为期末付款，"1"为期初付款，如图8-81所示。

图 8-81　CUMPRINC 函数

4. DISC 函数

DISC 函数是计算有限债券的贴现率。

"Settlement"是债券的结算日。

"Maturity"是债券的到期日，前两个日期形式须使用"DATE"函数输入而不是以文本形式填写，否则会出现计算不了的现象。

"Pr"是每张面值为100元的债券的现价。

"Redemption"是每张面值为100元的债券的赎回值。

"Basis"是日计数的基准类型，输入"0"为30天/360天，"1"为实际/实际，"2"为实际/360天，"3"为实际/365天，"4"为30天/360天，如图8-82所示。

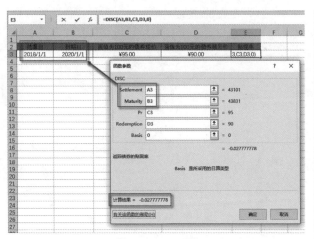

图 8-82　DISC 函数

图 8-84　FV 函数

5. EFFECT 函数

EFFECT 函数是通过所提供的年利率及每年的复利期数来计算有效的年利率的函数。

"Nominal_rate"是单利。

"Npery"是每年的复利期数，如图 8-83 所示。

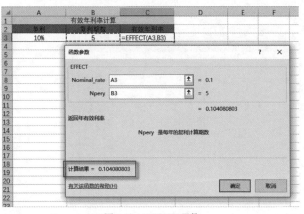

图 8-83　EFFECT 函数

6. FV 函数

FV 函数是根据所提供的固定利率来计算投资的未来值的函数。

"Rate"是各期的利率。

"Nper"是该项投资的总投资期限。

"Pmt"是各期中所支出的金额数目。

"Pv"是该项目从开始计算时已经入账了的款项或者一系列未来付款的当前值的累积和。

"Type"是各期付款的时间方式，"0"是期末付款，"1"是期初付款，如图 8-84 所示。

7. FVSCHEDULE 函数

FVSCHEDULE 函数是基于一系列的复利后

返回本金的函数。

"Principal"是现值，"Schedule"是一串利率组合，如图 8-85 所示。

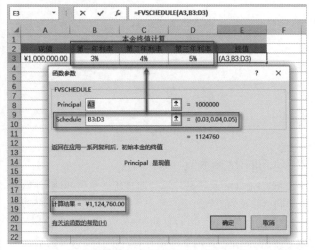

图 8-85　FVSCHEDULE 函数

8. IRR 函数

IRR 函数是计算一系列现金流的内部报酬率的函数，现金流不需要等同但必须是定期每月或者定期每年出现。

"Values"是用来计算内部收益率的数组，其中必须包含一个正值和一个负值，并且现金流数值必须按照顺序填写才能保证 IRR 值的正确性。

"Guess"是估算值，IRR 值会从 Guess 值开始一直精确到 0.00001%，多数情况下不必填写该值，默认为"10%"，如图 8-86 所示。

图 8-86　IRR 函数

9. NPV 函数

NPV 函数是通过贴现率及一系列未来的收入（正值）和支出（负值）来计算该项投资的净现值。

"Rate"是该阶段的贴现率。

"Value"是一系列收支的数值，在时间上必须具有相同的间隔段，并且都是发生在期末阶段，顺序上也需要保持一致，如图 8-87 所示。

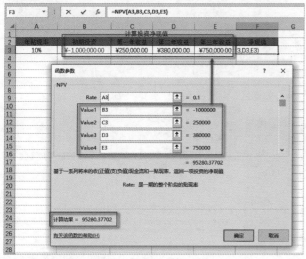

图 8-87　NPV 函数

10. PMT 函数

PMT 函数是通过所提供的固定利率来计算该贷款每期需要偿还的金额数。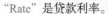

"Rate"是贷款利率。

"Nper"是贷款的付款总期数。

"Pv"是现值或一系列未来付款总额在现在的价值，即本金。

"Fv"是在最后一次付款后可得到的金额数额，如忽略则默认为 0。

"Type"是支付时间类型，如输入"0"则为期末付款，如输入"1"则为期初付款，不填则默认为期末，如图 8-88 所示。

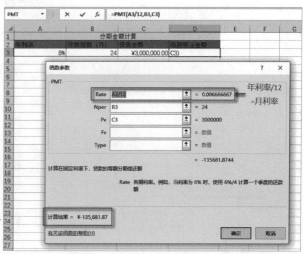

图 8-88　PMT 函数

11. PV 函数

PV 函数是根据所提供的固定利率来计算贷款或者投资的现值。

"Rate"是各期的利率。

"Nper"是该项目或贷款的总付款期数。

"Pmt"是每期需付的金额数目，如果"Pmt"值忽略，则必须具有"Fv"值。

"Fv"值是该项目未来值或在最后一次付款后所能得到的金额总数，如果是贷款则未来值即为"0"，如果"Fv"值忽略，则必须具有"Pmt"值。

"Type"是付款时间类型，"0"为期末付款，"1"为期初付款，不填则默认为期末，如图 8-89 所示。

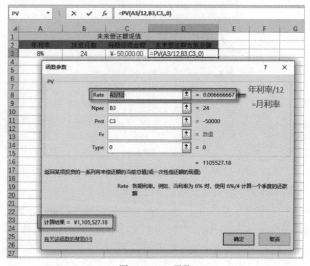

图 8-89　PV 函数

12. SLN 函数

SLN 函数是计算一个期间内资产的直线折旧的函数。

"Cost"是资产的原价值，"Salvage"是资产折旧后的价值，"Life"是资产的折旧期数，如图 8-90 所示。

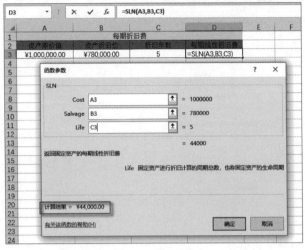

图 8-90　SLN 函数

8.7.2　利用数学与统计函数进行数据汇总

首先准备一个日营业额数据表，如图 8-91 所示。

	A	B
1	日期	营业额
2	2018年1月1日	¥500.00
3	2018年1月15日	¥800.00
4	2018年1月29日	¥1,300.00
5	2018年2月3日	¥700.00
6	2018年2月5日	¥900.00
7	2018年2月18日	¥500.00
8	2018年2月24日	¥900.00
9	2018年3月4日	¥780.00
10	2018年3月7日	¥680.00
11	2018年3月16日	¥970.00
12	2018年3月31日	¥1,530.00
13	2018年4月1日	¥1,420.00
14	2018年4月19日	¥670.00
15	2018年4月20日	¥590.00
16	2018年5月19日	¥870.00
17	2018年5月20日	¥1,780.00
18	2018年5月28日	¥980.00

图 8-91　数据表

由于统计过程中需要按月分别统计，所以需要将日期一栏的数值设置为日期格式，如图 8-92 所示。

要按照月份来统计营业额，需要用"MONTH"函数来提取日期中的月份，然后用"SUMPRODUCT"函数来统计该月份的总营业额，如图 8-93 所示。

图 8-92　设置日期格式

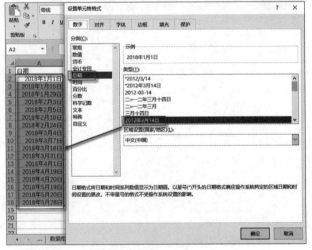

图 8-93　统计月营业额

"MONTH(A\$2:A\$18)=D2"是筛选出月份为 1 的日期

Word/Excel/PPT 2019 商务办公完全自学手册

单元格，利用"$"符号限定是为了每次都能将整个所选单元格区域都筛选一次，筛选出月份后便累计 B2:B18 的金额数量即可完成，下拉快速填充到单元格 E3:E6 即可完成全部数据的汇总，如图 8-94 所示。

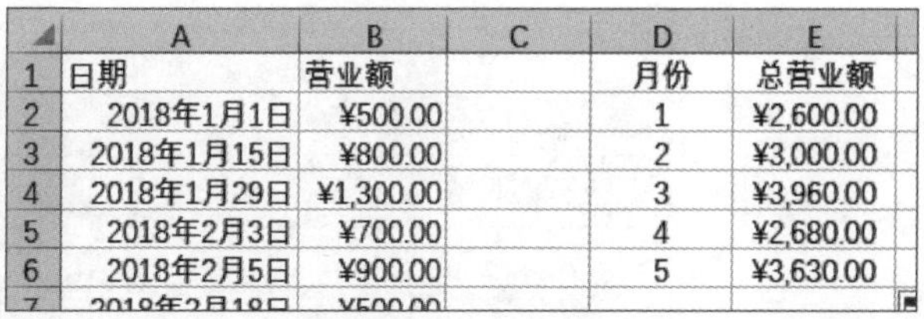

	A	B	C	D	E
1	日期	营业额		月份	总营业额
2	2018年1月1日	¥500.00		1	¥2,600.00
3	2018年1月15日	¥800.00		2	¥3,000.00
4	2018年1月29日	¥1,300.00		3	¥3,960.00
5	2018年2月3日	¥700.00		4	¥2,680.00
6	2018年2月5日	¥900.00		5	¥3,630.00
7	2018年2月18日	¥500.00			

图 8-94　公式效果

8.8　案例操练——制作成绩表

下面做一个根据行列表头来快速查找数据的案例演示。

1）首先准备一个数据列表，如图 8-95 所示。

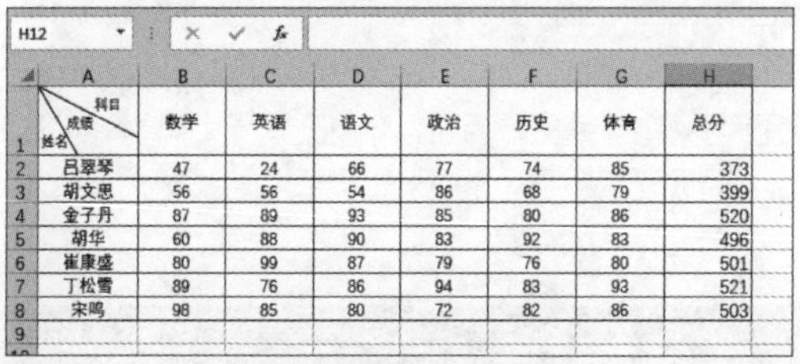

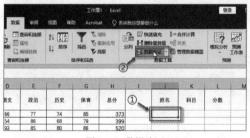

图 8-95　数据列表

2）在单元格 J1:L1 分别输入"姓名""科目"和"分数"，接着选中单元格 J2，在功能区"数据"选项卡的"数据工具"面板中单击"数据验证"按钮，如图 8-96 所示。

图 8-96　数据验证

3）系统弹出"数据验证"对话框，在"验证条件"选项组中单击"允许"下拉按钮，选择"序列"选项，接着为"来源"框选择"A2:A8"单元格区域，如图 8-97 所示。

图 8-97　数据验证设置

4）单击"确定"按钮，便可以在单元格右侧出现的下拉按钮中选择所需要的数据，如图 8-98 所示。

图 8-98　选择"姓名"数据

5）以同样的方法对单元格 K2 也进行设置，数据来源选择"B1:H1"，如图 8-99 所示。

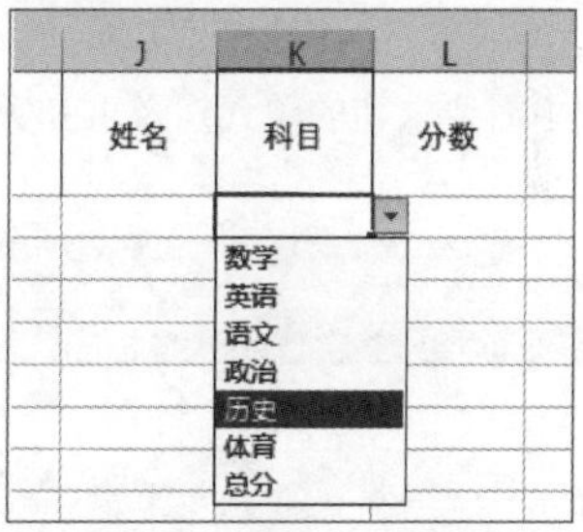

图 8-99　选择"科目"数据

6）在单元格 L2 中输入如下公式：

"=INDEX(A:H,MATCH(J2,A:A,0),MATCH(K2,1:1,0))"

第一项数据"A:H"是数据来源区域，是从列 A 到列 H，第二项数据"MATCH(J2,A:A,0)"是匹配 A 列中与 J2 相同的值，第三项数据"MATCH(K2,1:1,0)"是匹配第 1 行中与 K2 相同的值，最后在 L2 中显示列匹配值与行匹配值的相交单元格值，如图 8-100 所示。

读书笔记

INDEX fx =INDEX(A:H,MATCH(J2,A:A,0),MATCH(K2,1:1,0))

科目/成绩/姓名	数学	英语	语文	政治	历史	体育	总分		姓名	科目	分数
吕翠琴	47	24	66	77	74	85	373				=INDEX(A:H,MATCH(J2,A:A,0),MATCH(K2,1:1,0))
胡文思	56	56	54	86	68	79	399				
金子丹	87	89	93	85	80	86	520				
胡华	60	88	90	83	92	83	496				
崔康盛	80	99	87	79	76	80	501				
丁松雪	89	76	86	94	83	93	521				
宋鸣	98	85	80	72	82	86	503				

图 8-100　输入公式

7）分别在单元格 J2 及 K2 中选择所需要的数值，即可快速搜索出所要的数值，如图 8-101 所示。

科目/成绩/姓名	数学	英语	语文	政治	历史	体育	总分		姓名	科目	分数
吕翠琴	47	24	66	77	74	85	373		胡文思	政治	86
胡文思	56	56	54	86	68	79	399				
金子丹	87	89	93	85	80	86	520				
胡华	60	88	90	83	92	83	496				
崔康盛	80	99	87	79	76	80	501				
丁松雪	89	76	86	94	83	93	521				
宋鸣	98	85	80	72	82	86	503				

图 8-101　公式效果

8.9 自学拓展小技巧

8.9.1 一键求和

处理数据的时候，除了用 SUM 函数进行求和之外，也可以使用 Alt+= 快捷键进行快速求和，步骤如下（以案例进行介绍）。

1）首先选中需要求和的单元格及求和数值单元格，如图 8-102 所示。

B2 fx 47

科目/成绩/姓名	数学	英语	语文	政治	历史	体育	总分
吕翠琴	47	24	66	77	74	85	
胡文思	56	56	54	86	68	79	
金子丹	87	89	93	85	80	86	
胡华	60	88	90	83	92	83	
崔康盛	80	99	87	79	76	80	
丁松雪	89	76	86	94	83	93	
宋鸣	98	85	80	72	82	86	

图 8-102　选中单元格

2）接着按 Alt+= 快捷键即可完成求和，如图 8-103 所示。

B2 fx 47

科目/成绩/姓名	数学	英语	语文	政治	历史	体育	总分
吕翠琴	47	24	66	77	74	85	373
胡文思	56	56	54	86	68	79	399
金子丹	87	89	93	85	80	86	520
胡华	60	88	90	83	92	83	496
崔康盛	80	99	87	79	76	80	501
丁松雪	89	76	86	94	83	93	521
宋鸣	98	85	80	72	82	86	503

ALT+=

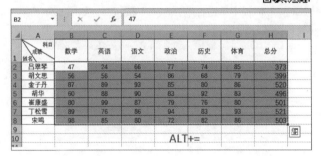

图 8-103　求和效果

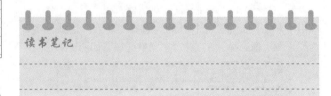

读书笔记

8.9.2 精确计算工龄

在 Excel 中，可以精确地计算员工的工龄，请看以下范例。

1）假设已经创建好如图 8-104 所示的一个表格。

2）选择 C2 单元格，在该单元格中输入以下函数。

=CONCATENATE(DATEDIF(B2,TODAY(),"Y")," 年 ",DATEDIF(B2,TODAY(),"YM")," 个月 "," 零 ",DATEDIF(B2,TODAY(),"MD")," 天 ")

姓名	入职日期	工龄
王涛涛	2016/8/16	
钟钰	2018/1/21	
肖婷婷	2019/4/3	
付师傅	2017/11/26	

图 8-104　假设准备好一个表格

3）单击"输入"按钮 ✔，可以精确地计算出一个员工的工龄，如图 8-105 所示。

	A	B	C	D
1	姓名	入职日期	工龄	
2	王涛涛	2016/8/16	2年8个月零5天	
3	钟钰	2018/1/21		
4	肖婷婷	2019/4/3		
5	付师傅	2017/11/26		

图 8-105　精确计算出一个员工的工龄

4）选择 C2 单元格，下拉快速填充，获得其他员工的精确工龄，如图 8-106 所示。

	A	B	C	D
1	姓名	入职日期	工龄	
2	王涛涛	2016/8/16	2年8个月零5天	
3	钟钰	2018/1/21	1年3个月零0天	
4	肖婷婷	2019/4/3	0年0个月零18天	
5	付师傅	2017/11/26	1年4个月零26天	
6				

图 8-106　下拉填充快速计算工龄

8.9.3　用函数实现人民币按单位分列显示

这里以范例的形式介绍如何实现人民币按单位分列显示。已有表格如图 8-107 所示。

	A	B	C	D	E	F	G	H	I	J	K	L	M
1	2018年第一度产品销售金额一览表												
2	产品类别	金额	亿	千万	百万	十万	万	千	百	十	元	角	分
3	固态硬盘	209863561.82											
4	U盘	9265806.93											
5	蓝牙音箱	360215.78											
6	智能音箱	655914.25											
7	数据线	123083.65											
8	充电头	360526.50											

图 8-107　已有表格

1）选择 C3 单元格，在其编辑栏中输入以下公式：

=LEFT(RIGHT("￥"&ROUND($B3,2)*100,11-COLUMN(A:A)+1))

2）单击"输入"按钮 ✔，结果如图 8-108 所示。

C3		× ✔ fx	=LEFT(RIGHT("￥"&ROUND($B3,2)*100,11-COLUMN(A:A)+1))													
	A	B	C	D	E	F	G	H	I	J	K	L	M	N	O
1	2018年第一度产品销售金额一览表														
2	产品类别	金额	亿	千万	百万	十万	万	千	百	十	元	角	分		
3	固态硬盘	29863561.82	￥												
4	U盘	9265806.93													
5	蓝牙音箱	360215.78													
6	智能音箱	655914.25													
7	数据线	123083.65													
8	充电头	360526.50													

图 8-108　对 C3 单元格输入函数公式进行运算

3）选中 C3 单元格后将光标移动至 C3 单元格右下角，待光标变成"+"字型时，拖动鼠标向右填充至 M3 单元格，如图 8-109 所示。

	A	B	C	D	E	F	G	H	I	J	K	L	M	N
1	2018年第一度产品销售金额一览表													
2	产品类别	金额	亿	千万	百万	十万	万	千	百	十	元	角	分	
3	固态硬盘	29863561.82	￥	2	9	8	6	3	5	6	1	8	2	
4	U盘	9265806.93												
5	蓝牙音箱	360215.78												
6	智能音箱	655914.25												
7	数据线	123083.65												
8	充电头	360526.50												

图 8-109　向右填充至 M3 单元格

4）将光标移动至 M3 单元格右下角，待光标变成"+"字型时，拖动鼠标向下填充至 M8 单元格，如图 8-110 所示。

	A	B	C	D	E	F	G	H	I	J	K	L	M	N
1	2018年第一度产品销售金额一览表													
2	产品类别	金额	亿	千万	百万	十万	万	千	百	十	元	角	分	
3	固态硬盘	29863561.82	￥	2	9	8	6	3	5	6	1	8	2	
4	U盘	9265806.93	￥		9	2	6	5	8	0	6	9	3	
5	蓝牙音箱	360215.78	￥	￥		3	6	0	2	1	5	7	8	
6	智能音箱	655914.25	￥	￥		6	5	5	9	1	4	2	5	
7	数据线	123083.65	￥	￥		1	2	3	0	8	3	6	5	
8	充电头	360526.50	￥	￥		3	6	0	5	2	6	5	0	
9														

图 8-110　向下填充至 M8 单元格

8.9.4　30 个常用函数技巧

本小节结合本章所学，整理了 30 个常用函数技巧。

1. 大小写转换技巧

大小写转换技巧如图 8-111 所示。

	A	B	C	D	E
1	大小写转换技巧				
2	序号	示例	要求	函数公式	结果
3	1	Huayi idea	将首字母转化为大写形式	=PROPER(B3)	Huayi Idea
4	2	HUAYI IDEA	全部转化为小写	=LOWER(B4)	huayi idea
5	3	Huayi idea	全部转化为大写	=UPPER(B5)	HUAYI IDEA
6	4	6789	转化为中文大写数据	=NUMBERSTRING(B6,1)	六千七百八十九
7	5	6789	转化为中文大写数据	=NUMBERSTRING(B7,2)	陆仟柒佰捌拾玖
8	6	6789	转化为中文小写文本	=NUMBERSTRING(B8,3)	六七八九
9					

图 8-111　大小写转换技巧

2. 时间日期型数字转换技巧

时间日期型数字转换技巧如图 8-112 所示。

	A	B	C	D	E
1	时间日期型数字转换技巧				
2	序号	示例	要求	函数公式	结果
3	7	2019/4/21	转换为英文的星期	=TEXT(B3,"DDDD")	Sunday
4	8	2019/4/21	转换为中文的星期	=TEXT(B4,"AAAA")	星期日
5	9	2019/4/21	转换为周	=WEEKNUM(B5)	17
6	10	2019/4/21	制作国庆节倒计时牌	=DATE(2019,10,0)-TODAY()	162
7	11	11:30:28	转化为小时	=B7*24	11.51
8	12	11:30:28	转化为分钟数	=B8*24*60	690.47
9	13	11:30:28	转化为秒	=B8*24*3600	41428.00
10	注意	1."E7:E9"单元格区域的数字格式要转化为数值形式 2.时间序列是以天为单位，乘以24再乘以小时数值			

图 8-112　时间日期型数字转换技巧

3. 数字型数字运算技巧

数字型数字运算技巧如图 8-113 所示。

	A	B	C	D	E
1			数字型数字运算技巧		
2	序号	示例	要求	函数公式	结果
3	14	-16	取绝对值	=ABS(B3)	16
4	15	-2.8	向下取整	=INT(B4)	-3
5	16	0.25	对其取倒数	=POWER(B5，-1)	4
6	17	7.69	四舍五入	=ROUND(B6，1)	7.7
7	18	8	将阿拉伯数字转换为罗马数字	=ROWAN(B7)	VIII
8	19	VI	将罗马数字转换为阿拉伯数字	=ARABIC(B8)	6
9					

图 8-113　数字型数字运算技巧

4. 文本型数字隐藏技巧

文本型数字隐藏技巧如图 8-114 所示。

	A	B	C	D	E
1			文本型数字隐藏技巧		
2	序号	示例	要求	函数公式	结果
3	20	1979/2/20	计算年龄	=DATEDIF(B3,TODAY(),"Y")	40
4	21	44082219790220	提取出生日期	=TEXT(MID(B4,7,8),"0-00-00")	1979-02-20
5	22	44082219790220	提取性别	=IF(ISODD(MID(B5,17,1)),"男","女")	女
6	23	44082219790220	提取性别	=IF(ISODD(MID(B6,17,1)),"男","女")	男
7	24	18813231557	隐藏中间5位	=REPLACE(B7,4,5,"*****")	188*****557
8	25	7593231557	分段显示	=TEXT(B8,"0000-0000000")	0759-3231557
9	26	*	连续复制5次	=REPT(B9,5)	*****

图 8-114　文本型数字隐藏技巧

5. 字符串合并技巧

字符串合并技巧如图 8-115 所示。

	A	B	C	D	E	F
1				字符串合并技巧		
2	序号	字符1	字符2	字符3	函数公式	结果
3	27	桦意智创	博创	设计坊	=B3&C3&D3	桦意智创博创设计坊
4	28	今日头条	职场领域	优质创作者	=CONCATENATE(B4,C4,D4)	今日头条职场领域优质创作者
5	29	遇到	办公学习问题	找小秋!	=CONCAT(B5,C5,D5)	遇到办公学习问题找小秋!
6	30	欢迎	领导	参观与指点!	=TEXTJOIN("",1,B6:D6)	欢迎领导参观与指点!

图 8-115　字符串合并技巧

读书笔记

第 9 章

Excel 数据的排序、筛选与汇总

◎ **本章导读:**

本章对 Excel 数据的排序、筛选与汇总相关的知识进行深入浅出地介绍,通过本章的学习,读者在职场办公中应用 Excel 的水平将得到明显的提升。

数据排序分为简单排序、多重排序和自定义排序等几种情况。

9.1.1 简单排序

在 Excel 处理数据的过程中，经常需要将数据进行从大到小或者从小到大排序，这样能使得数据表格更加清晰易懂。

1）首先选中需要排序的单元格区域 C1:C11，在功能区"开始"选项卡的"编辑"面板中单击"排序和筛选"按钮 ，在下拉列表中选择"升序"或者"降序"选项，如图 9-1 所示（本书以"升序"为例）。

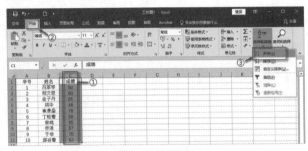

图 9-1 排序操作

2）系统弹出"排序提醒"对话框，在该对话框中选择"扩展选定区域"单选按钮或"以当前选定区域排序"单选按钮，这里以选择"扩展选定区域"单选按钮为例，如图 9-2 所示。

图 9-2 "排序提醒"对话框

3）在"排序提醒"对话框中单击"排序"按钮，即可完成排序操作，排序效果如图 9-3 所示。

	A	B	C		A	B	C
1	学号	姓名	成绩	1	学号	姓名	成绩
2	1	吕翠琴	50	2	4	胡华	46
3	2	胡文思	90	3	1	吕翠琴	50
4	3	金子丹	85	4	10	邱谷雪	62
5	4	胡华	46	5	8	乔泽	67
6	5	崔康盛	76	6	9	于华	70
7	6	丁松雪	88	7	5	崔康盛	76
8	7	宋鸣	95	8	3	金子丹	85
9	8	乔泽	67	9	6	丁松雪	88
10	9	于华	70	10	2	胡文思	90
11	10	邱谷雪	62	11	7	宋鸣	95
	排序前			12	排序后		

图 9-3 排序效果

9.1.2 多重排序

在数据排序过程中，简单的单条件排序有时候不能满足用户对数据处理的需求，此时可以使用多重排序的功能进行数据处理，操作步骤如下。

1）首先选中要排序的单元格区域 A1:C11，在功能区"开始"选项卡的"编辑"面板中单击"排序和筛选"按钮 ，在下拉列表中选择"自定义排序"选项，如图 9-4 所示。

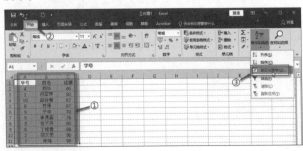

图 9-4 自定义排序

2）系统弹出"排序"对话框，在"主要关键字"下拉列表框中选择主要的排序条件，如"成绩"，接着在"排序依据"下拉列表框中选择"单元格值"选项，在"次序"下拉列表框中选择"升序"选项，如图 9-5 所示。

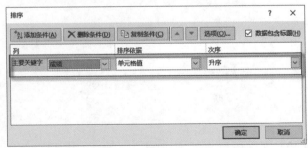

图 9-5 指定主要关键字、排序依据和次序方式

3）设置好主要关键字后，在"排序"对话框中单击"添加条件"按钮，接着在新增的"次要关键字"中依次选择所需要的设置，如图 9-6 所示。

Word/Excel/PPT 2019 商务办公完全自学手册

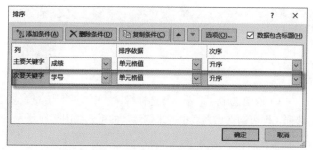
图 9-6　进行次要关键字等设置

4）在"排序"对话框中单击"确定"按钮，排序的效

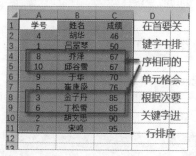
果如图 9-7 所示。

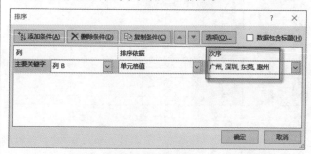
图 9-7　多重排序效果

9.1.3　自定义排序

在数据排序过程中，有时候不是数值的排序而是文字的排序，这就需要通过自定义排序设置。

1）首先选中需要排序的单元格区域 A3:D12，然后在功能区"开始"选项卡的"编辑"面板中单击"排序和筛选"按钮 $\frac{A}{Z}\blacktriangledown$，在下拉列表中选择"自定义排序"选项，然后在弹出的"排序"对话框中的"主要关键字"框中选择"列 B"选项，在"次序"框中选择"自定义序列"选项，如图 9-8 所示。

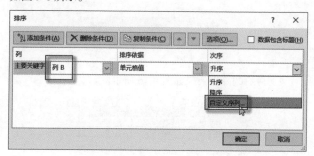
图 9-8　自定义排序

2）然后在弹出的"自定义序列"对话框中选择"新序列"选项，接着在"输入序列"文本框中输入所要排序的顺序，如图 9-9 所示。

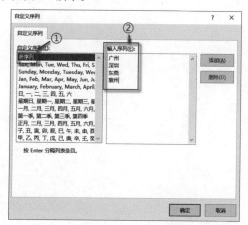
图 9-9　自定义序列

3）单击"确定"按钮之后会在前面的"排序"对话框中显示出自定义的次序，如图 9-10 所示。

图 9-10　自定义次序

4）自定义排序的效果如图 9-11 所示。

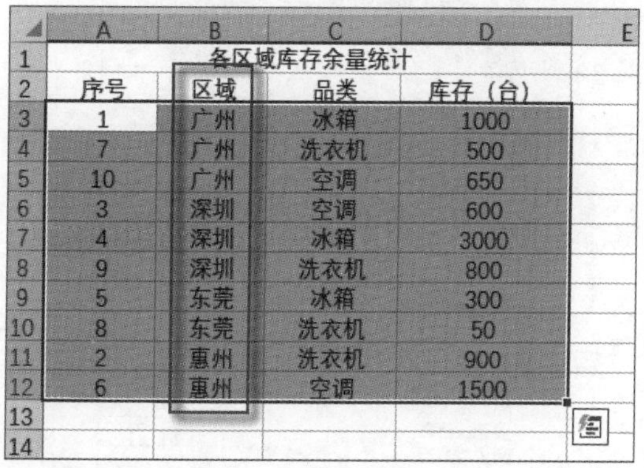

图 9-11　自定义排序效果

读书笔记

9.2.1 自动筛选

在 Excel 中可以对工作簿的列进行筛选。

1）首先选中"B 列",在功能区"数据"选项卡的"排序和筛选"面板中单击"筛选"按钮 ，如图 9-12 所示。

图 9-12 筛选

2）单击"筛选"按钮之后在 B1 单元格会出现下拉按钮,单击下拉按钮即可弹出自动筛选的列表,如图 9-13 所示。

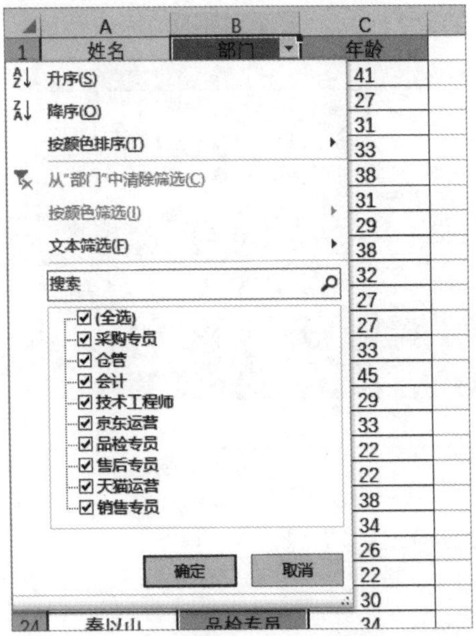

图 9-13 筛选列表

9.2.2 自定义筛选

除了自动筛选之外,用户还可以根据需求进行自定义条件筛选,例如,对"年龄"列进行筛选操作,如图 9-16

3）取消选中"全选"复选框后,选中"采购专员"复选框,即可筛选出列表中的采购专员的行,如图 9-14 所示。

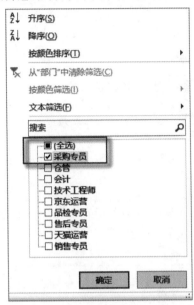

图 9-14 选中筛选条件

4）最后的筛选效果如图 9-15 所示。

图 9-15 筛选效果

读书笔记

所示。随后在弹出的"自定义自动筛选方式"对话框中设置所需要的筛选条件,如"大于或等于 40 且小于或等于

Word/Excel/PPT 2019 商务办公完全自学手册

45", 如图 9-17 所示。

图 9-16 自定义筛选

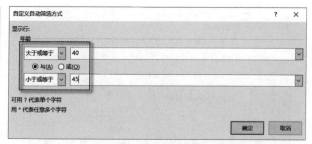

图 9-17 自定义自动筛选方式

在"自定义自动筛选方式"对话框中单击"确定"按钮, 得到的筛选效果如图 9-18 所示。

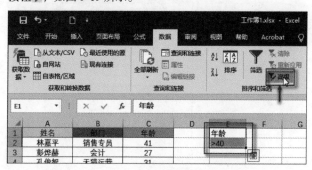

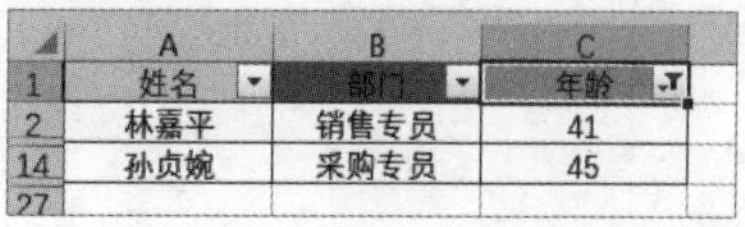

图 9-18 自定义筛选效果

9.2.3 高级筛选

在筛选条件比较复杂的情况下, 可以使用高级筛选功能对数据进行筛选, 高级筛选的结果既可以在原区域中显示, 也可以在新的单独区域中显示, 以便数据对比查看。高级筛选的操作案例如下。

1) 首先在单元格 E1:E2 中输入筛选条件, 接着在功能区"数据"选项卡的"排序和筛选"面板中单击"高级"按钮, 如图 9-19 所示。

图 9-19 高级筛选

2) 系统弹出"高级筛选"对话框, 选中"在原有区域显示筛选结果"单选按钮, 然后在"列表区域"一栏中选中单元格"$A$1:$C$26", 在"条件区域"一栏中选中单元格"$E$1:$E$2", 如图 9-20 所示。

3) 在"高级筛选"对话框中单击"确定"按钮, 得到的筛选效果如图 9-21 所示。

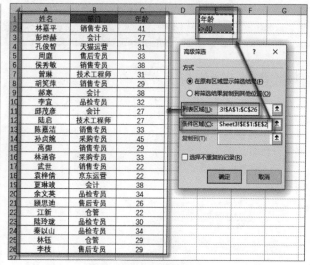

图 9-20 高级筛选设置

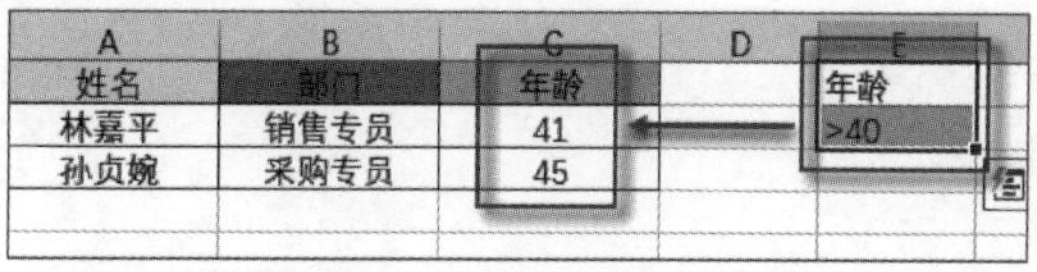

图 9-21 高级筛选效果

如果需要多条件筛选, 首先在单元格 D1:E2 中输入所需要的筛选条件, 接着在功能区单击"高级"按钮, 系统弹出"高级筛选"对话框, 在该对话框中设置相应的区域即可, 如图 9-22 所示。

	A	B	C	D	E
1	姓名	部门	年龄	部门	年龄
2	林嘉平	销售专员	41	=销售专员	>40
27					

图 9-23　多条件筛选后的效果

注意

如果要在单元格中显示出"＝销售专员"，则在单元格中输入"＝"＝销售专员""即可。

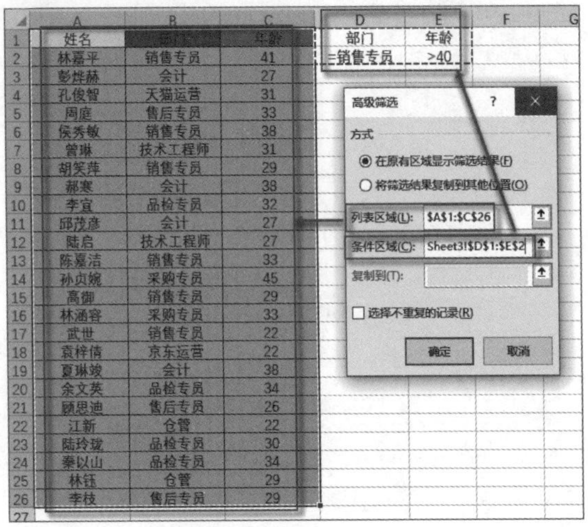

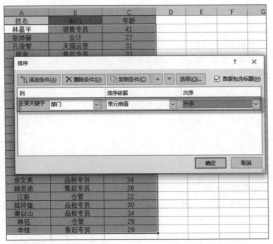

图 9-22　多条件筛选

多条件筛选的效果如图 9-23 所示。

9.3 ▶ 专家点拨

9.3.1 销售统计表中的分类汇总

分类汇总按照数据列表中的某一个条件进行分类，并将各类中的数据分别进行统计计算。以部门职员年龄表为例进行介绍。

1）首先将数据列表进行排序，如按部门排序，如图 9-24 所示。

图 9-24　按部门排序

2）排序后的效果如图 9-25 所示。

	A	B	C
1	姓名	部门	年龄
2	孙贞婉	采购专员	45
3	林涵容	采购专员	33
4	江新	仓管	22
5	林钰	仓管	29
6	彭烨赫	会计	27
7	郝寒	会计	38
8	邱茂彦	会计	27
9	夏琳竣	会计	38
10	曾琳	技术工程师	31
11	陆启	技术工程师	27
12	袁梓倩	京东运营	22
13	李宜	品检专员	32
14	余文英	品检专员	34
15	陆玲珑	品检专员	30
16	秦以山	品检专员	34
17	周庭	售后专员	33
18	顾思迪	售后专员	26
19	李枝	售后专员	29
20	孔俊智	天猫运营	31
21	林嘉平	销售专员	41
22	侯秀敏	销售专员	38
23	胡笑萍	销售专员	29
24	陈嘉洁	销售专员	33
25	高御	销售专员	29
26	武世	销售专员	22
27			

图 9-25　排序效果

3）选中单元格 A1:C26，在功能区"数据"选项卡的"分级显示"面板中单击"分类汇总"按钮 ，如图 9-26 所示，系统弹出"分类汇总"对话框。

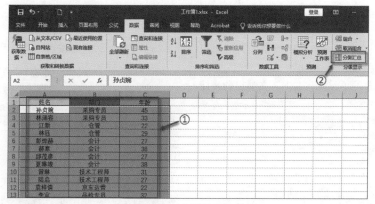

图 9-26　单击"分类汇总"按钮

4）在"分类汇总"对话框中分别设置"分类字段""汇总方式""选定汇总项"等内容，如图 9-27 所示。

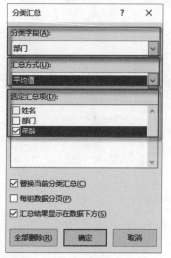

图 9-27　分类汇总设置

5）在"分类汇总"对话框中单击"确定"按钮，分类汇总的效果如图 9-28 所示。

1 2 3	A	A	B	C	D
	1	姓名	部门	年龄	
	2	孙贞婉	采购专员	45	
	3	林涵容	采购专员	33	
	4		采购专员 平均值	39	
	5	江新	仓管	22	
	6	林钰	仓管	29	
	7		仓管 平均值	25.5	
	8	彭烨赫	会计	27	
	9	郝赛	会计	38	
	10	邱茂彦	会计	27	
	11	夏琳娩	会计	38	
	12		会计 平均值	32.5	
	13	曾琳	技术工程师	31	
	14	陆启	技术工程师	27	
	15		技术工程师 平均值	29	
	16	袁梓倩	京东运营	22	
	17		京东运营 平均值	22	
	18	李宜	品检专员	32	
	19	余文英	品检专员	34	
	20	陆玲珑	品检专员	30	
	21	秦以山	品检专员	34	
	22		品检专员 平均值	32.5	
	23	周庭	售后专员	33	
	24	顾思迪	售后专员	26	
	25	李枝	售后专员	29	
	26		售后专员 平均值	29.33333333	
	27	孔俊智	天猫运营	31	
	28		天猫运营 平均值	31	
	29	林嘉平	销售专员	41	

图 9-28　分类汇总效果

如果不需要使用分类汇总的形式了，可以在"分类汇总"对话框中单击"全部删除"按钮进行删除，如图 9-29 所示。

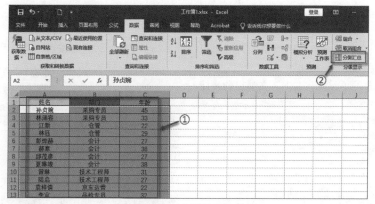

图 9-29　删除分类汇总

读书笔记

在使用 Excel 的过程中，有时不希望数据被其他用户看到，此时可以选择将其隐藏。

1）首先选中需要隐藏的单元格，右击，在弹出的快捷菜单中选择"设置单元格格式"命令，如图 9-30 所示。

图 9-30　设置单元格格式

2）随后在弹出的"设置单元格格式"对话框中选择"自定义"选项，在"类型"框中填入"；；；"符号，如图 9-31 所示。

图 9-31　自定义设置

3）单击"确定"按钮，隐藏后的效果如图 9-32 所示。

图 9-32　隐藏效果

如果要取消数值隐藏，可在"设置单元格格式"对话框的"数字"选项卡的"分类"列表中选择"自定义"选项，接着选择"G/通用格式"选项，如图 9-33 所示。

图 9-33　取消数据隐藏

读书笔记

Word/Excel/PPT 2019 商务办公完全自学手册

9.3.3 对分类项不同的数据表合并计算

在数据统计过程中，有时需要把不同位置的分类数据进行合并计算，Excel 中的合并计算功能就能满足用户需求。案例如下。

1）首先准备一份数据表，如近三天的营业金额登记表，如图 9-34 所示。

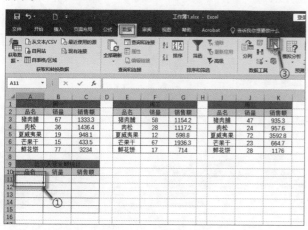

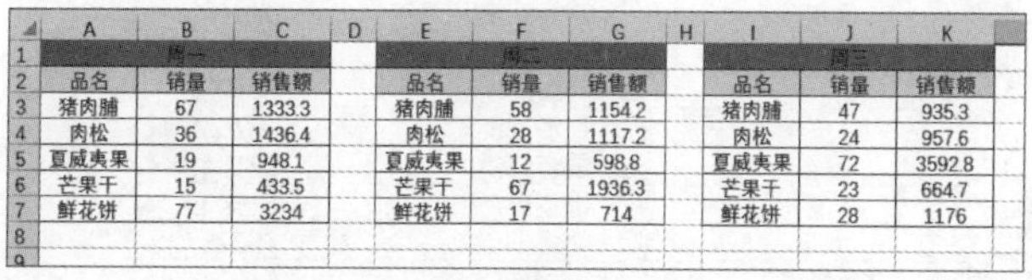

图 9-34　数据列表

2）在单元格 A9:C15 中准备一个统计数据记录的表格，如图 9-35 所示。

8		
9	近三天营业额统计		
10	品名	销量	销售额
11			
12			
13			
14			
15			
16			

图 9-35　数据统计表

3）选中单元格 A11 后，在功能区"数据"选项卡的"数据工具"面板中单击"合并计算"按钮，如图 9-36 所示。

图 9-36　合并计算

4）系统弹出"合并计算"对话框，从中选择所需要的"函数"，在"引用位置"框中选取第一天的数据"A3:C7"，单击"添加"按钮添加至"所有引用位置"列表框中，以同样的方法将第二天及第三天的数据添加进去，最后在标签位置处选中"最左列"复选框即可，如图 9-37 所示。

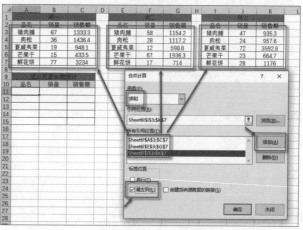

图 9-37　合并计算设置

5）单击"确定"按钮，合并计算后的效果如图 9-38 所示。

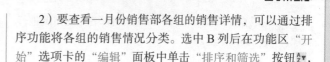

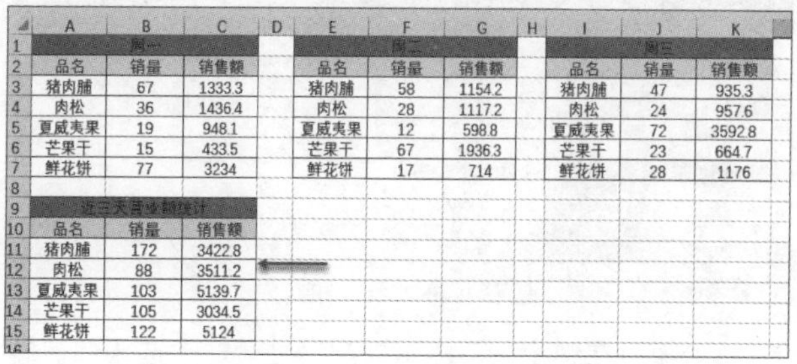

图 9-38　合并计算效果

9.4 案例操练——销售数据表的处理

接下来利用本章所学的知识点来对销售数据进行处理，操作步骤如下。

1）首先准备好数据列表，如图 9-39 所示。

2）要查看一月份销售部各组的销售详情，可以通过排序功能将各组的销售情况分类。选中 B 列后在功能区"开始"选项卡的"编辑"面板中单击"排序和筛选"按钮

读书笔记

接着在下拉列表中选择"升序"选项，如图 9-40 所示。

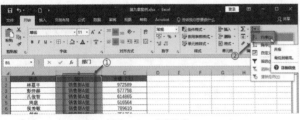

图 9-39　数据列表

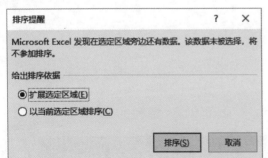

图 9-40　升序排序

3）随后在弹出的"排序提醒"对话框中选中"扩展选定区域"单选按钮，单击"排序"按钮即可完成，如图 9-41 所示。

排序提醒

Microsoft Excel 发现在选定区域旁边还有数据。该数据未被选择，将不参加排序。

给出排序依据

◉ 扩展选定区域(E)

○ 以当前选定区域排序(C)

排序(S)　　取消

图 9-41　扩展选定区域

4）完成排序后就可以对一月份销售部各组的情况进行整理，如图 9-42 所示。

	A	B	C
1	姓名	部门	业绩（元）
2	林嘉平	销售部A组	972589
3	彭烨赫	销售部A组	577758
4	孔俊智	销售部A组	614865
5	周庭	销售部A组	516564
6	侯秀敏	销售部A组	789610
7	曾琳	销售部A组	751754
8	胡笑萍	销售部A组	921760
9	郝寒	销售部A组	957331
10	李宜	销售部B组	580264
11	邱茂彦	销售部B组	949409
12	陆启	销售部B组	887931
13	陈嘉洁	销售部B组	745922
14	孙贞婉	销售部B组	557696
15	高御	销售部B组	581846
16	林涵容	销售部B组	615000
17	武世	销售部C组	700757
18	袁梓倩	销售部C组	512041
19	夏琳竣	销售部C组	714781
20	余文英	销售部C组	962946
21	顾思迪	销售部C组	517856
22	江新	销售部C组	608118
23	陆玲珑	销售部C组	958236
24	秦以山	销售部C组	835243
25	林钰	销售部C组	625448
26			

图 9-42　排序情况

5）如果要将各组的业绩分类汇总，可以使用"分类汇总"功能来实现。首先选中单元格 A1：C25，接着在功能区"数据"选项卡的"分级显示"面板中单击"分类汇总"按钮，如图 9-43 所示。

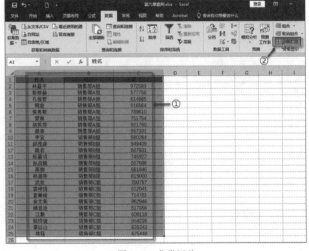

图 9-43　分类汇总

6）随后在弹出的"分类汇总"对话框中选择"分类字段""汇总方式""选定汇总项"的内容，如图 9-44 所示，单击"确定"按钮即可完成。

通过分类汇总就能更加清晰地看出每一组的业绩总数，如图 9-45 所示。

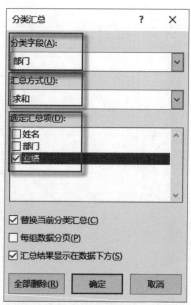

图 9-44　分类汇总设置

	A	B	C
1	姓名	部门	业绩（元）
2	林嘉平	销售部A组	972589
3	彭烨赫	销售部A组	577758
4	孔俊智	销售部A组	614865
5	周庭	销售部A组	516564
6	侯秀敏	销售部A组	789610
7	曾琳	销售部A组	751754
8	胡笑萍	销售部A组	921760
9	郝寒	销售部A组	957331
10		销售部A组 汇总	6102231
11	李宜	销售部B组	580264
12	邱茂彦	销售部B组	949409
13	陆启	销售部B组	887931
14	陈嘉洁	销售部B组	745922
15	孙贞婉	销售部B组	557696
16	高御	销售部B组	581846
17	林涵容	销售部B组	615000
18		销售部B组 汇总	4918068
19	武世	销售部C组	700757
20	袁梓倩	销售部C组	512041
21	夏琳竣	销售部C组	714781
22	余文英	销售部C组	962946
23	顾思迪	销售部C组	517856
24	江新	销售部C组	608118
25	陆玲珑	销售部C组	958236
26	秦以山	销售部C组	835243
27	林钰	销售部C组	626449
28		销售部C组 汇总	6435426
29		总计	17455725

图 9-45　分类汇总效果

7）如果想在列表中查看二月份的业绩中业绩数大于650000的项，可以使用筛选功能来筛选出符合条件的数据。首先选中C列，在功能区"数据"选项卡的"排序和筛选"面板中单击"筛选"按钮，然后单击单元格 C1 右侧的下拉按钮选择"数字筛选"｜"大于"选项，如图 9-46 所示。

8）在弹出的"自定义自动筛选方式"对话框中的"大于"一栏输入"650000"，单击"确定"按钮即可，如

图 9-47 所示。

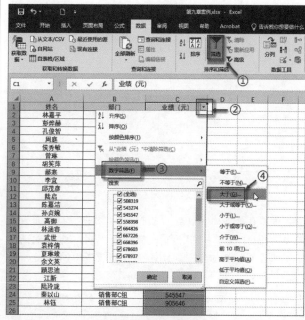

图 9-46　数字筛选

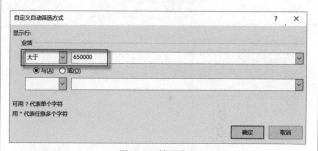

图 9-47　筛选设置

如图 9-48 所示的数据列表即是销售业绩大于 650000 的数据。

	A	B	C
1	姓名	部门	业绩（元）
2	林嘉平	销售部A组	678937
3	彭烨赫	销售部A组	921787
4	孔俊智	销售部A组	803881
5	周庭	销售部A组	696901
6	侯秀敏	销售部A组	846971
7	曾琳	销售部A组	982043
8	郝寒	销售部A组	884410
9	李宜	销售部B组	843781
10	陆启	销售部B组	668396
11	陈嘉洁	销售部B组	678603
12	孙贞婉	销售部B组	827248
13	高御	销售部B组	737201
14	林涵容	销售部B组	769008
15	武世	销售部C组	667226
16	袁梓倩	销售部C组	664826
17	夏琳竣	销售部C组	758674
18	余文英	销售部C组	847714
19	顾思迪	销售部C组	769302
20	陆玲珑	销售部C组	875006
21	林钰	销售部C组	905646

图 9-48　业绩大于 650000 元的筛选数据

9）最后对近三个月来每个人的业绩总额进行统计，可以使用合并计算功能对三个工作簿中的数据进行合并计算。

首先对二月、三月中的数据按照部门升序进行排序，再新建一个工作表来放置统计数据，如图 9-49 所示。

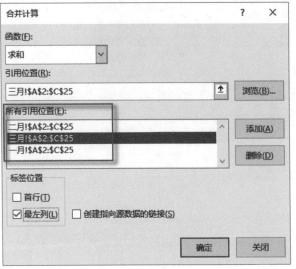

图 9-49　新建一个工作表

接着在功能区"数据"选项卡的"数据工具"面板中单击"合并计算"按钮，在弹出的"合并计算"对话框中添加三个工作表的数据引用位置，如图 9-50 所示。

图 9-50　合并计算设置

合并计算后就可以看到单人三个月内的业绩总额了，如图 9-51 所示。

	A	B	C	D
1	姓名	部门	业绩（元）	
2	林嘉平		2230308	
3	彭烨赫		2063632	
4	孔俊智		2098579	
5	周庭		2113318	
6	侯秀敏		2385637	
7	曾琳		2670308	
8	胡笑萍		2293652	
9	郝寒		2763338	
10	李宜		2073790	
11	邱茂彦		2200933	
12	陆启		2477361	
13	陈嘉洁		2401210	
14	孙贞婉		1952759	
15	高御		1854413	
16	林涵容		1978250	
17	武世		2062599	
18	袁梓倩		1705981	
19	夏琳竣		2094869	
20	余文英		2633575	
21	顾思迪		2159921	
22	江新		1862212	
23	陆玲珑		2829136	
24	秦以山		2325042	
25	林钰		2126927	
26				

图 9-51　合并计算结果

再将部门信息复制到新工作表中并将其排序即可，如图 9-52 所示。

	A	B	C	D
1	姓名	部门	业绩（元）	
2	林嘉平	销售部A组	2230308	
3	彭烨赫	销售部A组	2063632	
4	孔俊智	销售部A组	2098579	
5	周庭	销售部A组	2113318	
6	侯秀敏	销售部A组	2385637	
7	曾琳	销售部A组	2670308	
8	胡笑萍	销售部A组	2293652	
9	郝寒	销售部A组	2763338	
10	李宜	销售部B组	2073790	
11	邱茂彦	销售部B组	2200933	
12	陆启	销售部B组	2477361	
13	陈嘉洁	销售部B组	2401210	
14	孙贞婉	销售部B组	1952759	
15	高御	销售部B组	1854413	
16	林涵容	销售部B组	1978250	
17	武世	销售部C组	2062599	
18	袁梓倩	销售部C组	1705981	
19	夏琳竣	销售部C组	2094869	
20	余文英	销售部C组	2633575	
21	顾思迪	销售部C组	2159921	
22	江新	销售部C组	1862212	
23	陆玲珑	销售部C组	2829136	
24	秦以山	销售部C组	2325042	
25	林钰	销售部C组	2126927	
26				

图 9-52　排序最终效果

9.5　自学拓展小技巧

9.5.1　互换列数据

如果要将整列数据进行移动，则可以按照以下步骤来进行。

1）首先选中该列单元格，如图 9-53 所示。

2）接着按住 Shift 键，将光标移至该列边缘直至鼠标

转换成，按住鼠标左键拖曳到需要插入的列上，如图 9-54 所示。

3）松开鼠标左键即可完成移动，如图 9-55 所示。

Word/Excel/PPT 2019 商务办公完全自学手册

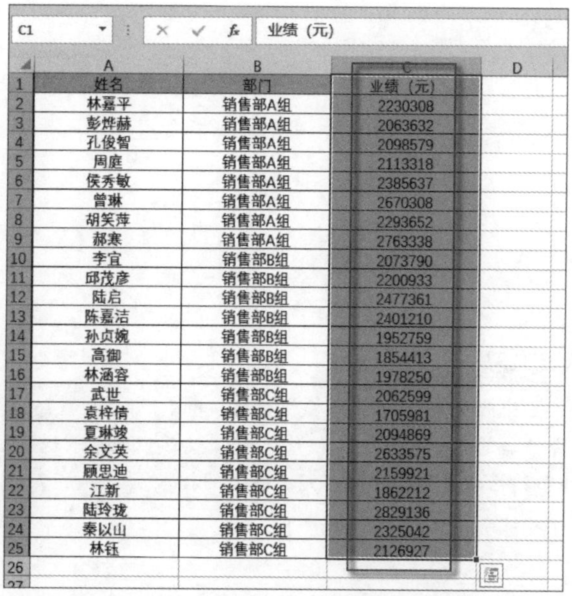

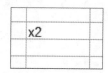

姓名	部门	业绩（元）
林嘉平	销售部A组	2230308
彭烨赫	销售部A组	2063632
孔俊智	销售部A组	2098579
周庭	销售部A组	2113318
侯秀敏	销售部A组	2385637
曾琳	销售部A组	2670308
胡笑萍	销售部A组	2293652
郝寒	销售部A组	2763338
李宜	销售部B组	2073790
邱茂彦	销售部B组	2200933
陆启	销售部B组	2477361
陈嘉洁	销售部B组	2401210
孙贞婉	销售部B组	1952759
高御	销售部B组	1854413
林涵容	销售部B组	1978250
武世	销售部C组	2062599
袁梓倩	销售部C组	1705981
夏琳竣	销售部C组	2094869
余文英	销售部C组	2633575
顾思迪	销售部C组	2159921
江新	销售部C组	1862212
陆玲珑	销售部C组	2829136
秦以山	销售部C组	2325042
林钰	销售部C组	2126927

图 9-53　选中单元格

姓名	部门	业绩（元）
林嘉平	销售部A组	2230308
彭烨赫	销售部A组	2063632
孔俊智	销售部A组	2098579
周庭	销售部A组	2113318
侯秀敏	销售部A组	2385637
曾琳	销售部A组	2670308
胡笑萍	销售部A组	2293652
郝寒	销售部A组	2763338
李宜	销售部B组	2073790
邱茂彦	销售部B组	2200933
陆启	销售部B组	2477361
陈嘉洁	销售部B组	2401210
孙贞婉	销售部B组	1952759
高御	销售部B组	1854413
林涵容	销售部B组	1978250
武世	销售部C组	2062599
袁梓倩	销售部C组	1705981
夏琳竣	销售部C组	2094869
余文英	销售部C组	2633575
顾思迪	销售部C组	2159921
江新	销售部C组	1862212
陆玲珑	销售部C组	2829136
秦以山	销售部C组	2325042
林钰	销售部C组	2126927

图 9-54　移动列

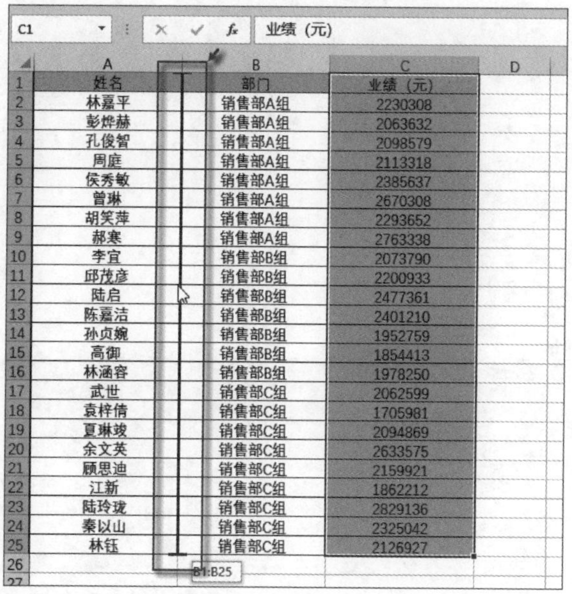

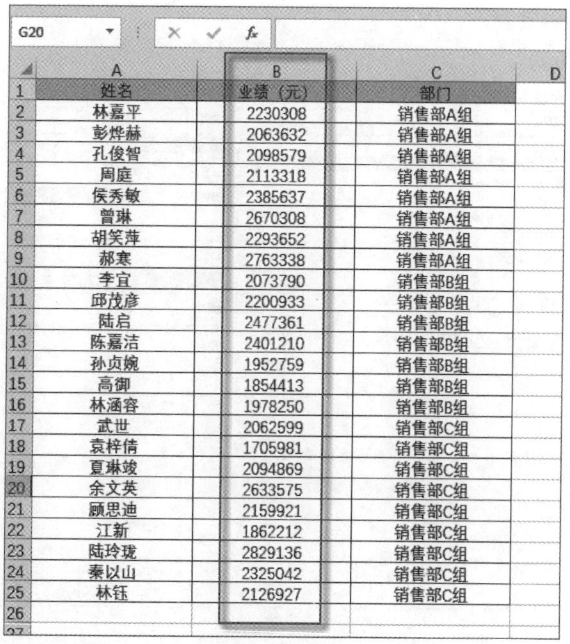

姓名	业绩（元）	部门
林嘉平	2230308	销售部A组
彭烨赫	2063632	销售部A组
孔俊智	2098579	销售部A组
周庭	2113318	销售部A组
侯秀敏	2385637	销售部A组
曾琳	2670308	销售部A组
胡笑萍	2293652	销售部A组
郝寒	2763338	销售部A组
李宜	2073790	销售部B组
邱茂彦	2200933	销售部B组
陆启	2477361	销售部B组
陈嘉洁	2401210	销售部B组
孙贞婉	1952759	销售部B组
高御	1854413	销售部B组
林涵容	1978250	销售部B组
武世	2062599	销售部C组
袁梓倩	1705981	销售部C组
夏琳竣	2094869	销售部C组
余文英	2633575	销售部C组
顾思迪	2159921	销售部C组
江新	1862212	销售部C组
陆玲珑	2829136	销售部C组
秦以山	2325042	销售部C组
林钰	2126927	销售部C组

图 9-55　移动效果

读书笔记

9.5.2 平方、立方的输入

在编辑数据时，平方及立方的输入也是很重要的。

1）首先在单元格中输入“x2”，如图 9-56 所示。

图 9-56　输入数字

2）选中数字“2”，右击，在弹出的快捷菜单中选择“设置单元格格式”命令，接着在弹出的“设置单元格格式”对话框的“特殊效果”选项组中选中“上标”复选框，如图 9-57 所示。

3）单击“确定”按钮，得到的平方效果如图 9-58 所示。

4）立方则直接将数字改成 3 即可，如图 9-59 所示。

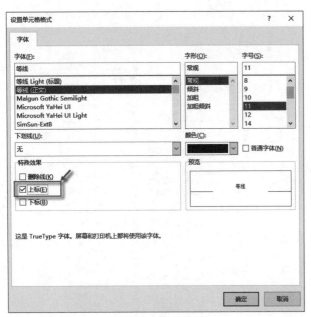

图 9-57　选中上标

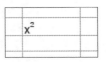

图 9-58　平方设置效果

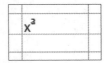

图 9-59　立方设置效果

技巧点拨

除此之外，也可以按快捷键 Alt+1、7、8，178 为小键盘的 1、7、8 键，按住"Alt"键后依次按"1、7、8"键后松开 Alt 键即可完成平方的插入。Alt+1、7、9 即为插入立方的快捷键。

读书笔记

第

10

Excel 图表与数据透视表应用

章

◎ **本章导读：**

    Excel 图表与数据透视表的应用，可以让 Excel 的数据一目了然。本章主要介绍 Excel 图表创建、数据透视表的应用和数据透视图的应用。

10.1 创建图表

10.1.1 图表的概念

在 Microsoft Excel 中，图表是将工作表中的数据用图形的形式来表示，使工作表的数据更加直观明白。

10.1.2 插入图表

下面结合典型范例介绍在 Excel 中如何插入图表。

1）首先选中数据所在单元格 A1:C25，在功能区"插入"选项卡的"图表"面板中单击"推荐的图表"按钮，如图 10-1 所示。系统弹出"插入图表"对话框。

图 10-1 插入图表

2）在"插入图表"对话框的"所有图表"选项卡中，根据自身需求选择相应的图表，如"柱形图"，右侧选择栏中便会出现几种柱形图的样式供用户选择，如图 10-2 所示。

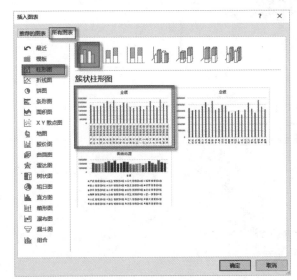

图 10-2 选择图表样式

3）选择完图表样式之后单击"确定"按钮即可插入图表，如图 10-3 所示。

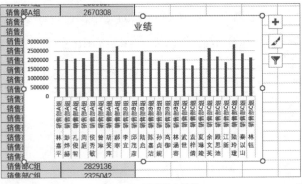

图 10-3 图表插入效果

10.1.3 调整图表尺寸与位置

为了方便图表的摆放展示，在 Excel 中可以对图表的尺寸及位置进行调整。

1）首先选中需要调整的图表，接着在图表四周会出现○的圆圈，将鼠标移动至圆圈上直至光标转换为↖或者↔，按住鼠标左键拖曳便可调整图表尺寸，如图 10-4 所示。

2）如果需要调整图表位置，则选中需要移动的图表，接着将鼠标移至图表上直至光标转换为，此时按住鼠标左键拖曳即可移动图表，如图 10-5 所示。

Word/Excel/PPT 2019 商务办公完全自学手册

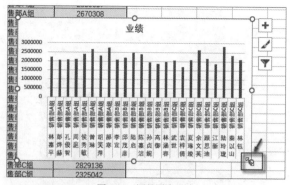
图 10-4 调整图表尺寸

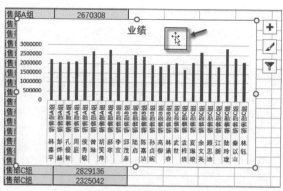
图 10-5 移动图表

10.1.4 更改图表类型

如果对一开始插入的图表类型不满意，用户可以直接更改图表类型。

1）首先选中需要更改的图表，接着在功能区"设计"选项卡的"类型"面板中单击"更改图表类型"按钮，如图 10-6 所示。

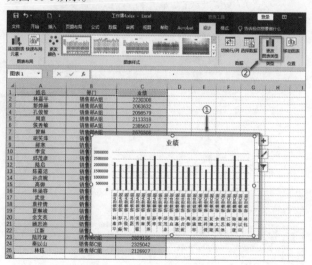
图 10-6 更改图表类型

2）在弹出的"更改图表类型"对话框中重新选择合适的图表类型，如图 10-7 所示。

3）在"更改图表类型"对话框中单击"确定"按钮，图表按照设定的尺寸位置及数据来源进行重做，如图 10-8 所示。

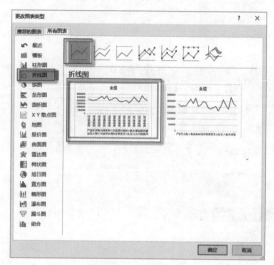
图 10-7 选择图表类型

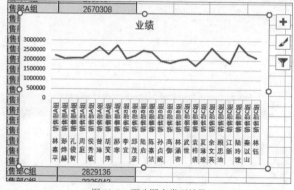
图 10-8 更改图表类型效果

10.1.5 设计图表布局与样式

如果对默认的图表布局及样式不满意，也可以对其进行设置。

首先选中需要设置的图表，在功能区"设计"选项卡

的"图表布局"面板中单击"快速布局"按钮，接着在下拉列表中选择合适的布局，如图 10-9 所示。

若要对图表样式进行修改，可在功能区"设计"选项

卡的"图表样式"面板中单击下拉按钮▾，如图 10-10 所示，随后在下拉列表中选择合适的图表样式即可，如图 10-11 所示。

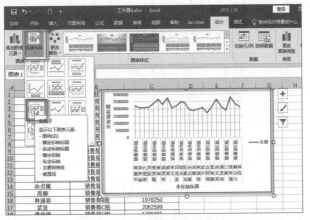

图 10-9　更改图表布局

图 10-10　更改样式

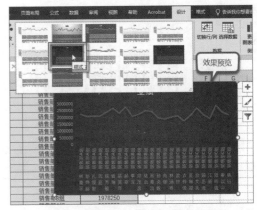

图 10-11　样式修改

更换后的图表样式如图 10-12 所示。

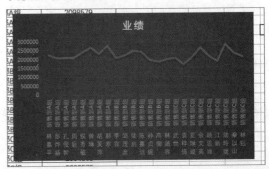

图 10-12　样式更换后效果

10.1.6　美化图表

为了使插入的图表更加美观舒适，用户可以对图表中各项的格式进行设置，如标题、图例、图表、绘图区域、数据系列的格式、坐标轴、网格线及数据标签等方面。

1. 标题及图例设置

标题的文字信息可以直接进行编辑，字体格式在功能区"开始"选项卡的"字体"面板中进行设置即可，如图 10-13 所示。

关于图例的设置，可在功能区"设计"选项卡的"图表布局"面板中单击"添加图表元素"按钮，接着在下拉列表中选择"图例"选项，在其级联菜单中选择图例的位置，如图 10-14 所示。

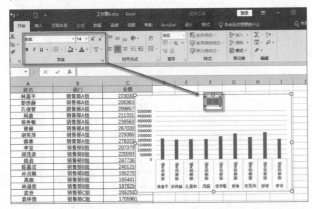

图 10-13　标题设置

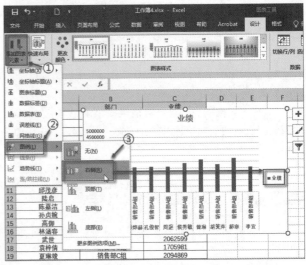

图 10-14　图例设置

2. 图表与绘图区域

可以对图表区域与绘图区域进行设置，操作步骤如下。

1）首先在图表区域右击，在弹出的快捷菜单中选择"设置图表区域格式"命令，如图 10-15 所示。

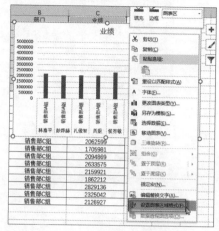

图 10-15　设置图表区域格式

2）在弹出的"设置图表区格式"对话框中对图表的填充、边框等进行设置，选中"纯色填充"单选按钮并设置颜色，如图 10-16 所示。

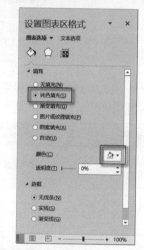

图 10-16　"设置图表区格式"对话框

3）完成设置的图表效果如图 10-17 所示。

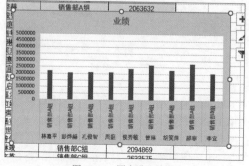

图 10-17　图表设置效果

4）在图表绘图区右击，接着在弹出的快捷菜单中选择"设置绘图区格式"命令，如图 10-18 所示。

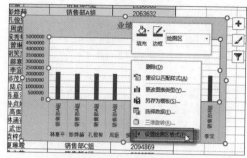

图 10-18　设置绘图区格式

5）随后在弹出的"设置绘图区格式"对话框中对图表的填充、边框等进行设置，例如，在"填充"选项组中选中"纯色填充"单选按钮并设置颜色，如图 10-19 所示。图表绘图区设置的效果如图 10-20 所示。

图 10-19　"设置绘图区格式"对话框

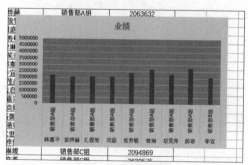

图 10-20　绘图区设置效果

3. 数据系列的格式

1）首先选中需要设置的数据系列，右击，在弹出的快捷菜单中选择"设置数据系列格式"命令，如图 10-21 所示。

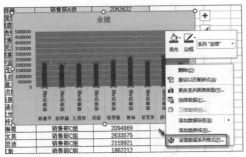

图 10-21　设置数据系列格式

2）在弹出的"设置数据系列格式"对话框中设置系列选项即可，如图 10-22 所示。

图 10-22　"设置数据系列格式"对话框

4. 坐标轴

1）首先选中坐标轴，如垂直轴，接着右击，在弹出的快捷菜单中选择"设置坐标轴格式"命令，如图 10-23 所示。

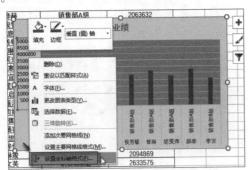

图 10-23　设置坐标轴格式

2）在弹出的"设置坐标轴格式"对话框中可以对坐标轴的边界、单位等进行设置，如图 10-24 所示。设置坐标轴格式后的效果如图 10-25 所示。

5. 网格线

若要添加网格线，可以在功能区"设计"选项卡的"图表布局"面板中单击"添加图表元素"按钮，接着选

图 10-24　"设置坐标轴格式"对话框

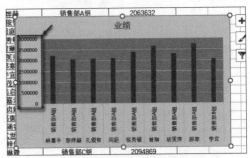

图 10-25　坐标轴设置效果

择"网格线"选项，在其级联菜单中选择需要插入的网格线样式，如图 10-26 所示。

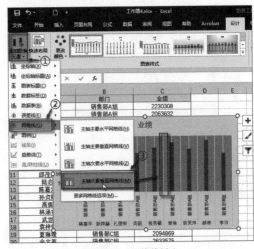

图 10-26　网格线插入

如果想要取消已插入的网格线，那么可以在上述列表中再次单击该网格线类型即可；如需对网格线进行设置，可以在该列表中选择"更多网格线选项"选项，然后在弹出的"设置主要网格线格式"对话框中对网格线进行设置，

如图 10-27 所示。

图 10-27 设置主要网格线格式

6. 数据标签

若要添加数据标签，可以在功能区"设计"选项卡的
"图表布局"面板中单击"添加图表元素"按钮，接着从
"数据标签"级联菜单中选择需要插入的数据标签样式，如
图 10-28 所示。

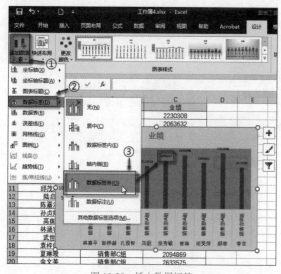

图 10-28 插入数据标签

如需对数据标签进行自定义设置，则在上述列表中选
择"其他数据标签选项"选项，接着在弹出的"设置数据
标签格式"对话框中对数据标签相关属性进行设置，如选
中"值""系列名称"复选框，如图 10-29 所示。设置好的
数据标签效果如图 10-30 所示。

图 10-29 设置数据标签格式

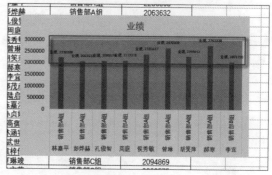

图 10-30 数据标签效果

10.2 ▶ 数据透视表的应用

10.2.1 数据透视表简介

数据透视表是一种即时交互的表，可以根据原始数据
及透视表中的排列来对数值进行计算。数据透视表可以随
意更改版面的布置，也会根据原始数据及透视表排版的改
变来重新计算数据。可以这样来理解数据透视表：在最直
观的基本形式中，数据透视表获取数据并进行汇总，可以
让用户了解数字含义，而无须输入任何公式。

下面通过范例来介绍如何创建数据透视表。

1）首先选中需要创建透视表的数据单元格 A1:E25，在功能区"插入"选项卡的"表格"面板中单击"数据透视表"按钮，如图 10-31 所示。

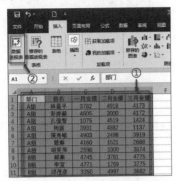

图 10-31 插入数据透视表

2）在弹出的"创建数据透视表"对话框中选中"新工作表"单选按钮，即可将数据透视表创建在一个新的工作表中，如图 10-32 所示。

新的工作表中会出现数据透视表的相关设置，如图 10-33 所示。

3）在右侧的"数据透视表字段"对话框中选中"姓名""一月业绩""二月业绩""三月业绩"复选框，如图 10-34

所示。

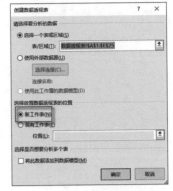

图 10-32 创建数据透视表设置

图 10-33 数据透视表

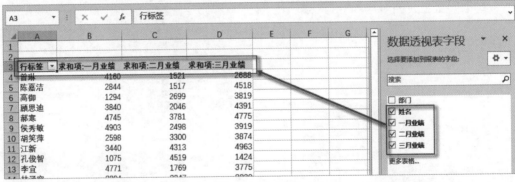

图 10-34 选中字段

📝 知识点拨

对于数据透视表而言，列就是一个字段。所谓"字段"只是处理数据和数据表时使用的一个传统术语。在数据透视表菜单和按钮中大量使用"字段"一词，因此用户需要习惯这个词，习惯了会让制作数据透视表时事半功倍。

4）然后再选中"部门"复选框，并在该选项上右击，在弹出的快捷菜单中选择"添加到报表筛选"命令，如图 10-35 所示。

图 10-35 添加到报表筛选

添加效果如图 10-36 所示。

Word/Excel/PPT 2019 商务办公完全自学手册

	A	B	C	D
1	部门	(全部)	▼	
2				
3	行标签 ▼	求和项:一月业绩	求和项:二月业绩	求和项:三月业绩
4	曾琳	4160	1521	2688
5	陈嘉洁	2844	1517	4518
6	高御	1294	2699	3819
7	顾思迪	3840	2046	4391
8	郝寒	4745	3781	4775

图 10-36　报表筛选效果

整个数据透视表的效果如图 10-37 所示。

	A	B	C	D
1	部门	(全部)	▼	
2				
3	行标签 ▼	求和项:一月业绩	求和项:二月业绩	求和项:三月业绩
4	曾琳	4160	1521	2688
5	陈嘉洁	2844	1517	4518
6	高御	1294	2699	3819
7	顾思迪	3840	2046	4391
8	郝寒	4745	3781	4775
9	侯秀敏	4903	2498	3919
10	胡笑萍	2598	3300	3874
11	江新	3440	4313	4963
12	孔俊智	1075	1521	1424
13	李宜	4771	1769	3775
14	林涵客	3304	3347	3230
15	林嘉平	3782	4918	4173
16	林钰	4782	3190	2524
17	陆玲珑	2089	1084	2978
18	陆启	3091	3407	3022
19	彭烨赫	4605	3000	4172
20	秦以山	1630	3178	4393
21	邱茂彦	3350	4997	3682
22	孙贞婉	1835	3155	3940
23	武世	1212	3606	1282
24	夏琳竣	1769	3836	3730
25	余文英	3665	3700	1616
26	袁梓倩	2338	3304	2989
27	周庭	3931	4882	1137
28	总计	75053	77567	81014
29				

图 10-37　数据透视表效果

10.2.3　更改数据表结构

如果想要再次更改数据透视表中的结构位置，首先在功能区"分析"选项卡中单击"显示"按钮，然后在下拉列表中选择"字段列表"选项，如图 10-38 所示。

图 10-38　调出字段列表

10.2.4　更改数据表样式

如果对默认的数据表样式不满意，用户可以在功能区"设计"选项卡的"数据透视表样式"面板中单击下拉菜单按钮，如图 10-39 所示。

随后在下拉列表中选择合适的样式即可完成更换，如图 10-40 所示。

随后在调出的"字段列表"窗口中重新设置数据表的结构即可。

图 10-39　打开样式菜单

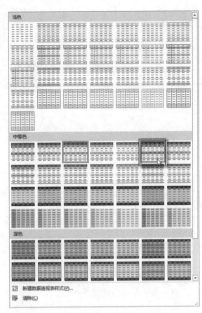

图 10-40 样式列表

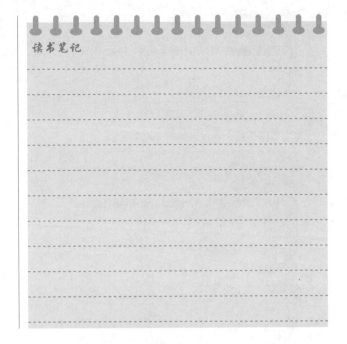

10.2.5 筛选数据表

在数据透视表中可以对各个数据进行快速筛选查找，例如，要查找"江新"即可在"姓名"一列单击筛选按钮，然后在下拉列表中取消选中"全选"复选框，然后选中"江新"复选框后单击"确定"按钮即可，如图 10-41 所示。

筛选效果如图 10-42 所示。

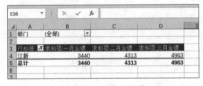

图 10-42 筛选效果

图 10-41 筛选数据

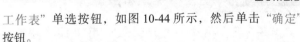

10.3 数据透视图

除了数据透视表，Excel 也可以生成数据透视图以方便用户展示数据信息。

1）首先选中数据来源单元格"A1:E25"，在功能区"插入"选项卡的"图表"面板中单击"数据透视图"按钮，如图 10-43 所示。

2）在弹出的"创建数据透视图"对话框中选中"新工作表"单选按钮，如图 10-44 所示，然后单击"确定"按钮。

3）在新工作表右侧的"数据透视图字段"对话框中设置需要添加到报表中的字段，将需要添加的字段拖动到下方的各个窗口中即可，如图 10-45 所示。设置后的数据透视图效果如图 10-46 所示。

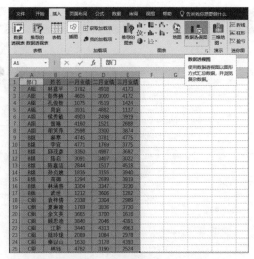

图 10-43　执行"插入数据透视图"的命令

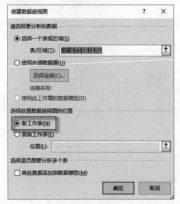

图 10-44　"创建数据透视图"对话框

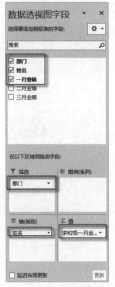

图 10-45　设置透视图字段

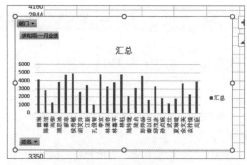

图 10-46　数据透视图效果

如果要对数据透视图的数据进行筛选，比如要筛选出"B 组"一月份的业绩，那么可以单击"部门"，然后从其下拉列表中选中"B 组"选项，然后单击"确定"按钮即可，如图 10-47 所示，得到的筛选效果如图 10-48 所示。

图 10-47　数据筛选

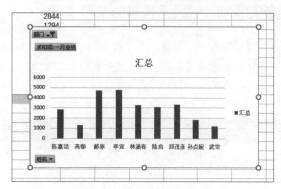

图 10-48　数据筛选效果

读书笔记

10.4.1 使用图形转换数据

有时单从数值形式上不能很直观地对比数据，这时就可以使用图形转换数据来达到直观地对比数据的目的。操作步骤如下。

1）首先准备好数据列表，在单元格 C4:C8 中用图形来表示数据的大小，如图 10-49 所示。

图 10-50 函数参数设置

2）在单元格 C4 中插入函数"REPT"，在弹出的"函数参数"对话框的"Text"框中输入所要使用的图形"●"，在"Number_times"框中输入数据来源单元格"B4:B8/100"，由于数值过大，所以将单元格中数据除以100来简化，如图 10-50 所示，然后单击"确定"按钮。

图 10-49 数据列表

3）快速填充公式到单元格 C5:C8 中，如图 10-51 所示。

图 10-51 公式填充效果

10.4.2 数据透视表的常用技巧

1. 更改数据源

创建完数据透视表后，如果需要更改数据来源，不需要重新建立透视表，只需要在功能区"分析"选项卡的"数据"面板中单击"更改数据源"按钮，如图 10-52 所示。

图 10-52 更改数据源

随后在弹出的"更改数据透视表数据源"对话框中重新选择数据来源区域即可完成更改，如图 10-53 所示。

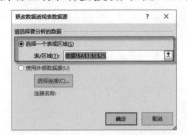

图 10-53 "更改数据透视表数据源"对话框

2. 更改值的汇总方式

Excel 中值的默认汇总方式是求和，如果需要更改为一

月绩效的平均值，则可以在"数据透视表字段"对话框的"值"框中单击"求和项：一月业绩"，然后在下拉列表中选择"值字段设置"选项，如图 10-54 所示。系统弹出"值字段设置"对话框。

图 10-54 值字段设置

在"值字段设置"对话框的"计算类型"列表框中选择所需要的计算方法，如图 10-55 所示。单击"确定"按钮，设置效果如图 10-56 所示。

3. 数值转换为百分比

如果要将每个人的二月业绩转换为该月总业绩占比，则首先在"数据透视表字段"对话框的"值"框中单击"求和项：二月业绩"，选择"值字段设置"选项，然后在

Word/Excel/PPT 2019 商务办公完全自学手册

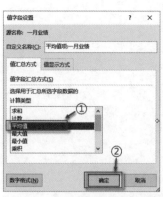

图 10-55 "值字段设置"对话框设置　图 10-56 "平均值"设置效果

弹出的"值字段设置"对话框中切换至"值显示方式"选项卡，选择"列汇总的百分比"选项，如图 10-57 所示。然后单击"确定"按钮，得到的设置效果如图 10-58 所示。

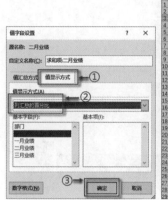

图 10-57 值字段设置　　　　图 10-58 百分比数值

4. 数值排序

在数据透视表中对三月业绩按照业绩金额大小进行排序。首先在三月业绩的任一单元格中右击，接着在弹出的快捷菜单中选择"排序"|"升序"命令即可完成数据排序，如图 10-59 所示。其排序效果如图 10-60 所示。

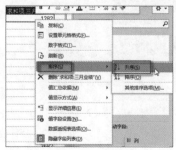

图 10-59 数据排序

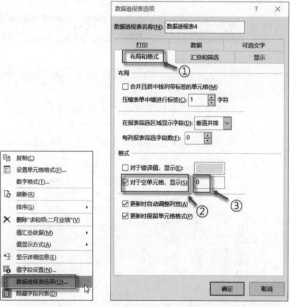

图 10-60 数据排序效果

5. 空白单元格显示为 0

如果数据透视表对应的单元格中没有数据，在透视表中该单元格会显示空白。如果想要将空白单元格输入"0"，则可以在任一单元格右击，然后在弹出的快捷菜单中选择"数据透视表选项"命令，如图 10-61 所示，系统弹出"数据透视表选项"对话框。

随后在弹出的"数据透视表选项"对话框中切换至"布局和格式"选项卡，选中"对于空单元格，显示"复选框，在该复选框右侧的文本框中输入"0"，如图 10-62 所示，然后单击"确定"按钮。

图 10-61 数据透视表选项　图 10-62 设置数据透视表布局和格式

6. 显示数据明细

如果要显示数据透视表中的数据的详细信息，那么在该单元格处双击即可显示相应的数据明细，如图 10-63 所示。

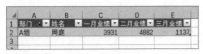

图 10-63　数据明细

　　如果不想被人查看数据明细，可在任一单元格处右击，接着从弹出的快捷菜单中选择"数据透视表选项"命令，弹出"数据透视表选项"对话框，在"数据"选项卡中取消选中"启用显示明细数据"复选框，然后单击"确定"按钮即可完成设置，如图 10-64 所示。

图 10-64　不启用显示明细数据

10.5　案例操练——制作销售数据报表

　　下面用本章学习的知识将销售数据进行处理制作成报表形式。

　　1）首先准备好销售数据信息，如图 10-65 所示。

图 10-65　销售数据信息

　　2）选中单元格 A1:G18，在功能区"插入"选项卡的"表格"面板中单击"数据透视表"按钮 ，如图 10-66 所示。

　　3）在弹出的"创建数据透视表"对话框中选中"新工作表"单选按钮，单击"确定"按钮即可完成数据透视表的插入，如图 10-67 所示。

图 10-66　插入数据透视表　　图 10-67　"创建数据透视表"对话框

　　4）如果想要制作每个地区的每个种类的数量汇总报表，则分别将"地区"填入"列"框中，"品类"填入"行"框中，"数量"填入"值"框中，如图 10-68 所示。添加字段后的数据透视表效果如图 10-69 所示。

图 10-68 添加字段

图 10-69 添加字段后的数据透视表效果

5）复制单元格 A3:D9，在单元格 A11 上右击，接着从弹出的快捷菜单中选择"粘贴选项"选项组的"值"选项，如图 10-70 所示。

图 10-70 粘贴值

6）在单元格 A11 上右击，在弹出的快捷菜单的"粘贴选项"选项组中选择"格式"选项，如图 10-71 所示。粘贴后即为普通表格形式的数量报表，如图 10-72 所示。

图 10-71 粘贴格式　　　　图 10-72 数量报表效果

7）如果想要看某个地区的各个城市的类别数量汇总，则分别将"地区"输入"筛选"框中，将"城市"输入"列"框中，将"品类"输入"行"框中，将"数量"输入

"值"框中即可，如 10-73 所示。添加字段后的数据透视表效果如图 10-74 所示。

图 10-73 添加类别数量字段

图 10-74 数据透视表效果

8）在单元格 B2 中单击筛选按钮，接着在打开的列表中选择"华北"选项，即可筛选出华北地区各个城市的销售数量，如图 10-75 所示。

图 10-75 筛选效果

9）复制单元格 A1:D9 后在单元格 A11 粘贴值和格式，即可完成普通报表的制作，最终效果如图 10-76 所示。

图 10-76 报表最终效果

10.6 自学拓展小技巧

10.6.1 创建旭日图且显示二级分类

本小节以一个典型实例进行介绍，所创建的图表不仅要反映精品店中不同品牌商品的销售比例，还要比较同一品牌

不同产品的销售情况。可以通过创建旭日图显示二级分类。

1）选择 A1:C9 单元格，在功能区"插入"选项卡的"图表"面板中单击"对话框打开"按钮，如图 10-77 所示，弹出"插入图表"对话框。

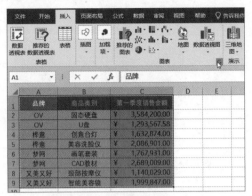

图 10-77 选择要操作的单元格区域后单击"对话框打开"按钮

2）在"插入图表"对话框中切换至"所有图表"选项卡，选择"旭日图"样式，如图 10-78 所示。

图 10-78 "插入图表"对话框中选择"旭日图"

10.6.2 快速添加数据标签

在一般情况下，创建的图表可能会缺少某些数据标签。为了方便读取数据，使图表表达效果更为直观有效，可以为图表添加所需的数据标签。假设已创建好如图 10-80 所示的一个图表，可以按照以下步骤来添加数据标签。

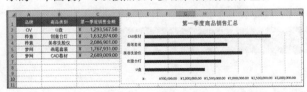

图 10-80 创建的图表

1）选中图表，单击"图表元素"按钮，接着在下拉列

3）单击"确定"按钮，从而在工作表中插入旭日图。

4）修改图表标题，并对图表进行进一步的美化处理，效果如图 10-79 所示。

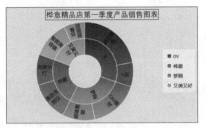

图 10-79 旭日图表

表中选择"数据标签"｜"更多选项"选项，如图 10-81 所示，系统弹出"设置数据标签格式"对话框。

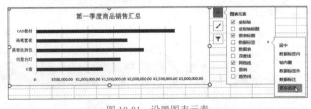

图 10-81 设置图表元素

2）在"标签选项"选项卡中，分别对"标签选项"和"数字"选项组进行相应的设置，尤其要注意在"数字"选

项组的"类别"下拉列表框中选择"货币"选项，小数位数设置为"2"，指定符号样式，如图 10-82 所示。

3）设置完成后，单击"设置数据标签格式"对话框的"关闭"按钮。添加的数据标签如图 10-83 所示。

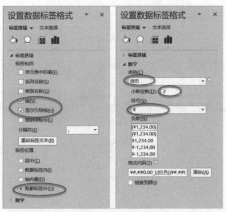

图 10-82　设置标签选项

图 10-83　完成添加数据标签

读书笔记

第 11 章

Excel 的高级应用

◎ **本章导读：**

　　Excel 功能强大，在职场办公中，还需要掌握一些高级应用，包括如何添加条件格式中的数据条、图标、色阶和迷你图，还需要掌握 Excel 方案的应用知识等。

11.1.1 添加数据条

数据条功能可以为数据单元格附加上底纹颜色，并根据数值大小对应调整底纹的长度。请看以下一个范例。

1）首先选中单元格 C2:C25，在功能区"开始"选项卡的"样式"面板中单击"条件格式"按钮，接着在其下拉列表中选择"数据条"｜"蓝色数据条"选项，如图 11-1 所示。

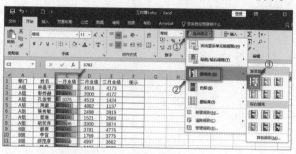

图 11-1　插入数据条

11.1.2 添加图标

图标的功能是根据数值区间为数组附加相应的图标类型。案例操作步骤如下。

首先选中单元格 D2:D25，在功能区"开始"选项卡的"样式"面板中单击"条件格式"按钮，然后在下拉列表中选择"图标集"选项，再选择所需的图标样式，如选择"三向箭头（彩色）"，如图 11-3 所示。插入图标集的效果如图 11-4 所示。

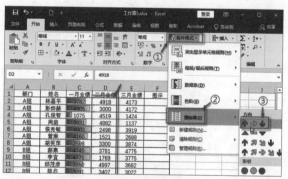

图 11-3　插入图标集

图 11-4　图标效果

2）插入的数据条效果如图 11-2 所示。

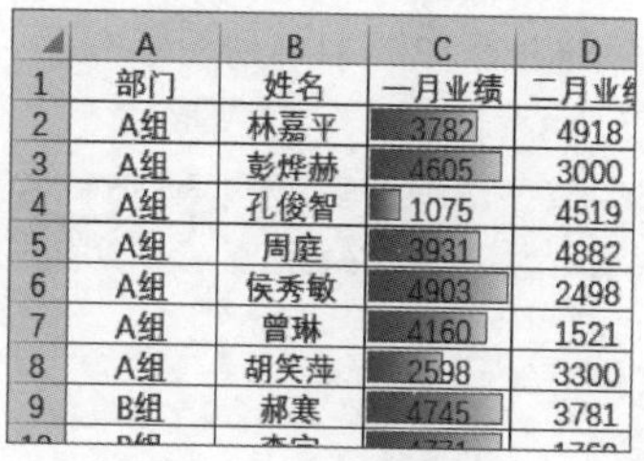

	A	B	C	D
1	部门	姓名	一月业绩	二月业绩
2	A组	林嘉平	3782	4918
3	A组	彭烨赫	4605	3000
4	A组	孔俊智	1075	4519
5	A组	周庭	3931	4882
6	A组	侯秀敏	4903	2498
7	A组	曾琳	4160	1521
8	A组	胡笑萍	2598	3300
9	B组	郝寒	4745	3781

图 11-2　数据条效果

读书笔记

如果要修改图标对应的数值区间，在"图标集"级联菜单中选择"其他规则"选项，然后在弹出的"新建格式规则"对话框中设置好图标所对应的值区域即可，如图 11-5 所示。

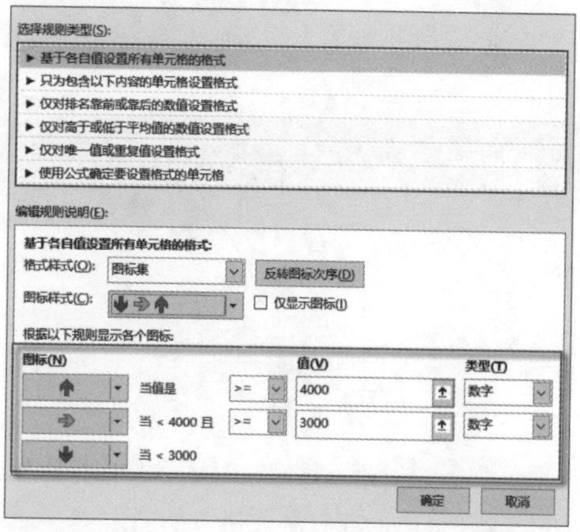

图 11-5　新建格式规则

读书笔记

11.1.3 添加色阶

色阶是根据数组中数值的大小来赋予颜色渐变的功能。

首先选中单元格 E3:E25，在功能区"开始"选项卡的"样式"面板中单击"条件格式"按钮 ![], 接着在其下拉列表中选择"色阶"选项，然后选择一个色阶样式，如选择"绿–白色阶"选项，如图 11-6 所示。完成后的色阶插入效果如图 11-7 所示。

D	E	F
月业绩	三月业绩	图示
4918	4173	
3000	4172	
4519	1424	
4882	1137	
2498	3919	
1521	2688	
3300	3874	
3781	4775	

图 11-7 色阶效果

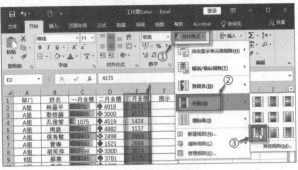

图 11-6 插入色阶

读书笔记

11.1.4 插入迷你图

迷你图是一种微型图表，它可以更加直观地让用户了解数据的趋势。下面结合图例介绍迷你图插入的一般方法和步骤。

1）在功能区"插入"选项卡的"迷你图"面板中单击所需的一个按钮，如单击"折线"按钮 ![]，如图 11-8 所示。

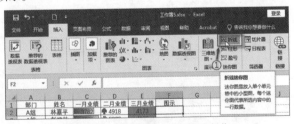

图 11-8 在"迷你图"面板上进行操作

2）系统弹出"创建迷你图"对话框，选择数据来源单元格，并选择迷你图的放置单元格，如图 11-9 所示。然后单击"确定"按钮。

11.1.5 单元格规则

条件格式是根据所规定的单元格规则来给单元格赋予底色的功能。首先选中需要判断的单元格列表 D2:D25，在功能区"开始"选项卡的"样式"面板中单击"条件格式"按钮 ![]，然后在下拉列表中选择"突出显示单元格规

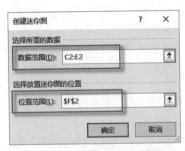

图 11-9 "创建迷你图"对话框

3）快速填充迷你图到 F 列单元格中即可完成，迷你图效果如图 11-10 所示。

	A	B	C	D	E	F
1	部门	姓名	一月业绩	二月业绩	三月业绩	图示
2	A组	林嘉平	3782	4918	4173	
3	A组	彭烨赫	4605	3000	4172	
4	A组	孔俊智	1075	4519	1424	
5	A组	周庭	3931	4882	1137	
6	A组	侯秀敏	4903	2498	3919	

图 11-10 迷你图效果

则"｜"介于"选项，如图 11-11 所示。

然后在弹出的对话框中输入所需要介于的两个数值并选择设置效果，单击"确定"按钮即可完成，如图 11-12 所示。

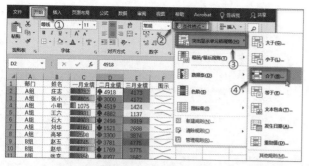

图 11-11　设置条件格式

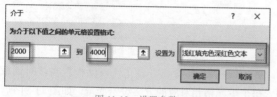

图 11-12　设置参数

设置效果如图 11-13 所示。

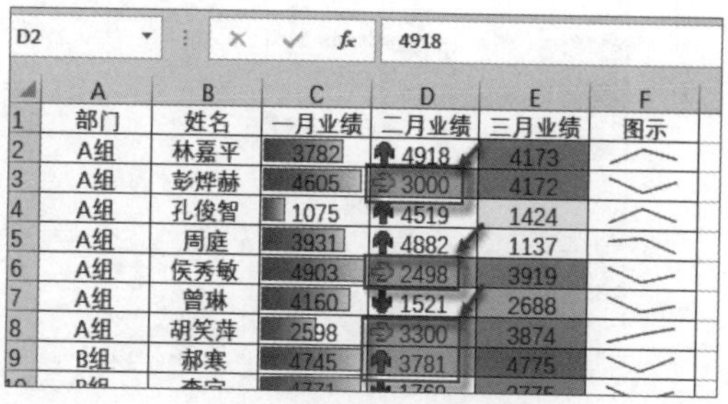

图 11-13　设置效果

11.2　Excel 方案的应用

11.2.1　创建方案

在 Excel 中可以通过创建不同方案来模拟数据分析，如对地区销售利润的方案分析。

1）首先准备好数据列表，如图 11-14 所示。

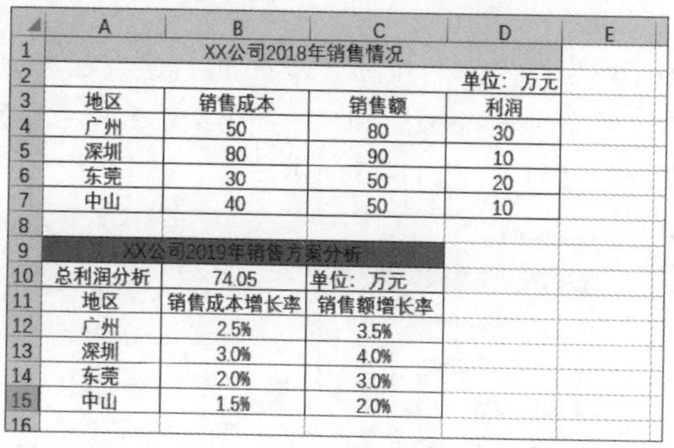

图 11-14　数据列表

2）在单元格 B10 中输入函数"SUMPRODUCT"来计算"销售额 – 销售成本"后的"利润"，如图 11-15 所示。

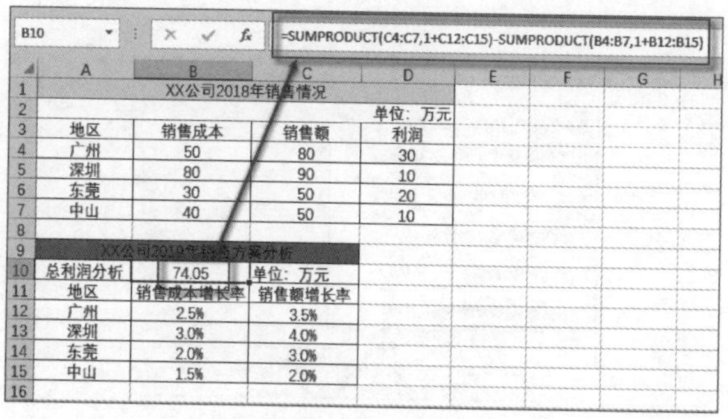

图 11-15　插入函数

3）为了后续在方案管理中便于用户辨别每个单元格的用处，可以对指定单元格进行名称定义。先对 B12 单元格进行名称定义，即在功能区"公式"选项卡的"定义的名称"面板中单击"定义名称"按钮，如图 11-16 所示。

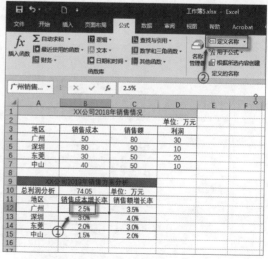

图 11-16　定义名称

4）系统弹出"新建名称"对话框，给单元格 B12 定义为"广州销售成本增长率"，如图 11-17 所示。

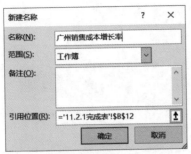

图 11-17 "新建名称"对话框

5）以相同的方法分别将"C12"定义为"广州销售额增长率"，将"B13"定义为"深圳销售成本增长率"，将"C13"定义为"深圳销售额增长率"，将"B14"定义为"东莞销售成本增长率"，将"C14"定义为"东莞销售额增长率"，将"B15"定义为"中山销售成本增长率"，将"C15"定义为"中山销售额增长率"。

6）在功能区"数据"选项卡的"预测"面板中单击"模拟分析"按钮📊，在下拉列表中选择"方案管理器"选项，如图 11-18 所示。

图 11-18 方案管理器

7）在弹出的"方案管理器"对话框中单击"添加"按钮，如图 11-19 所示，系统弹出"添加方案"对话框。

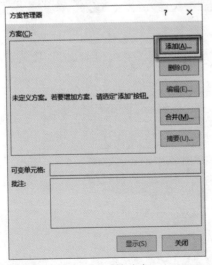

图 11-19 添加方案

8）在"添加方案"对话框的"方案名"文本框中输入"A方案-市场情况良好"，为"可变单元格"文本框选择"$B$12: $C$15"区域，如图 11-20 所示，此时对话框更名为"编辑方案"对话框，然后单击"确定"按钮。

图 11-20 新建及编辑方案

9）系统弹出"方案变量值"对话框，在该对话框中输入每个单元格相对应的方案设定变量，如图 11-21 所示。然后单击"确定"按钮，返回到"方案管理器"对话框。

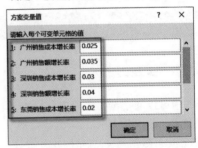

图 11-21 A方案变量值

10）单击"添加"按钮，按照此上述方法分别添加"B方案-市场情况一般"和"C方案-市场情况较差"的变量值，如图 11-22 和 11-23 所示。

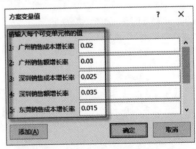

图 11-22 B方案变量值

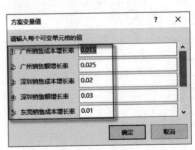

图 11-23 C方案变量值

添加完各个方案后会在方案管理器中显示三个方案的名称，如图11-24所示。

图 11-24　方案管理器

读书笔记

11.2.2　显示方案

添加完方案之后，如果要显示该方案设定的变量值，就在"方案管理器"对话框中选择该方案，然后单击"显示"按钮即可完成方案变量值的显示，如图11-25所示。

图 11-25　方案显示

显示方案后便会将设置好的方案变量值填入相对应的单元格中，单元格 B10 则会相应地完成数据计算。

读书笔记

11.2.3　编辑与删除方案

如果用户需要对方案进行修改，则在"方案管理器"对话框中选择需要修改的方案，然后单击"编辑"按钮，如图11-26所示，弹出"编辑方案"对话框，接着在"编辑方案"对话框中修改方案名称及对应单元格，如图11-27所示。

单击"编辑方案"对话框中的"确定"按钮后，系统弹出"方案变量值"对话框。在"方案变量值"对话框中重新输入对应的变量值，单击"确定"按钮即可。

如果需要删除方案，则在"方案管理器"对话框中选择需要删除的方案，然后单击"删除"按钮即可，如图11-28所示。

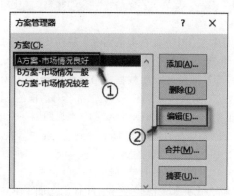

图 11-26　"方案管理器"对话框

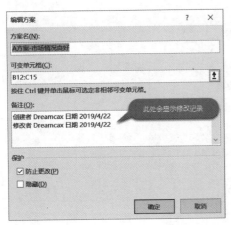

图 11-27　"编辑方案"对话框

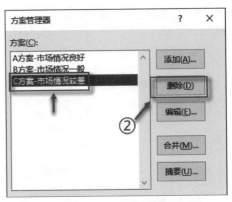

图 11-28　删除方案

11.2.4　生成方案总结报告

如果要对方案生成总结报告，则可以在"方案管理器"对话框中单击"摘要"按钮，如图 11-29 所示，系统弹出"方案摘要"对话框。在"方案摘要"对话框中选中"方案摘要"单选按钮，接着在"结果单元格"框中选中单元格 B10，如图 11-30 所示。

图 11-30　方案摘要

在"方案摘要"对话框中单击"确定"按钮，则方案摘要生成效果如图 11-31 所示。

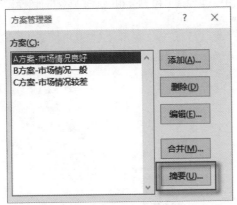

图 11-29　单击"摘要"按钮

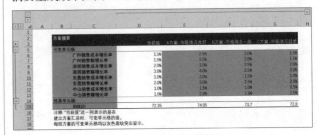

图 11-31　方案摘要生成效果

11.3　专家点拨

在日常工作中，往往会遇到输入星期几的问题，用户可以通过 Excel 函数来根据日期自动输入星期几。

1）首先准备好日期数据表格，在单元格 B2 中插入"CHOOSE"函数，接着在"函数参数"对话框的"Index_num"框中输入"WEEKDAY(A2,2)"来返回第一个单元格为星期二，然后在后续的"Value1"到"Value7"中分别输入"星期一""星期二""星期三""星期四""星期五""星期六""星期日"，如图 11-32 所示。

2）将公式快速填充到单元格 B3:B11 中，如图 11-33 所示。

图 11-32　函数参数输入

	A	B
1	日期	星期
2	2019/1/1	星期二
3	2019/1/2	星期三
4	2019/1/3	星期四
5	2019/1/4	星期五
6	2019/1/5	星期六
7	2019/1/6	星期日
8	2019/1/7	星期一
9	2019/1/8	星期二
10	2019/1/9	星期三
11	2019/1/10	星期四

图 11-33　公式效果

11.4　案例操练——对销售数据进行处理

下面用本章学习的知识对销售数据进行处理。

1）首先准备好销售数据列表，如图 11-34 所示。

	A	B	C	D	E	F
1			2018年公司销售数据明细			单位：万元
2	地区	上半年销售额	下半年销售额	全年销售额	全年销售成本	全年利润
3	广州	1000	1200	2200	350	1850
4	深圳	1500	1300	2800	480	2320
5	东莞	800	700	1500	300	1200
6	中山	600	750	1350	350	1000
7	汕头	750	900	1650	460	1190

图 11-34　销售数据列表

2）选中单元格 B3:E7，在功能区"开始"选项卡的"样式"面板中单击"条件格式"按钮，从其下拉列表中选择"数据条"｜"蓝色数据条"选项，如图 11-35 所示。

图 11-35　数据条选择

3）添加完选定数据条的效果如图 11-36 所示。

图 11-36　数据条效果

4）在单元格 A9:E16 中准备一个"2019 销售情况分析"的表格，如图 11-37 所示。

	A	B	C
8			
9	2019年公司销售情况分析		单位：万元
10	总利润		8498.3
11	地区	销售额增长率	销售成本增长率
12	广州	0.1	0.06
13	深圳	0.15	0.07
14	东莞	0.08	0.04
15	中山	0.09	0.04
16	汕头	0.1	0.06
17			

图 11-37　销售情况分析表格

5）为了后续能自动计算出每种情况下的利润情况，首先在单元格 B10 中输入函数"=SUMPRODUCT(D3:D7,1+B12:B16)-SUMPRODUCT(E3:E7,1+C12:C16)"，利用增长后的销售额减去增长后的销售成本来计算出总利润。

6）通过名称定义分别将单元格 B12:C16 相应地定义为"广州销售额增长率""广州销售成本增长率""深圳销售额增长率""深圳销售成本增长率""东莞销售额增长率""东莞销售成本增长率""中山销售额增长率""中山销售成本增长率""汕头销售额增长率""汕头销售成本增长率"。

7）在功能区"数据"选项卡的"预测"面板中单击"模拟分析"按钮，在其下拉列表中选择"方案管理器"选项，弹出"方案管理器"对话框，分别添加"方案 1- 市场优良""方案 2- 市场一般""方案 3- 市场较差"三种方案的变量值，如图 11-38 所示。

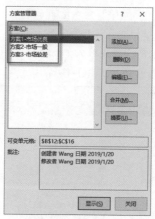

图 11-38　添加方案

8）在"方案管理器"对话框中单击"摘要"按钮生成

报告，如图 11-39 所示。

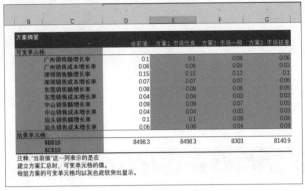

图 11-39　生成方案摘要报告

11.5 ▶ 自学拓展小技巧

11.5.1　快速添加单位

　　如果编辑数据过程中没有加入单位，可以通过设置单元格格式进行快速输入。

　　1）首先选中需要添加单位的单元格，右击，在弹出的快捷菜单中选择"设置单元格格式"命令，如图 11-40 所示。

图 11-40　设置单元格格式

　　2）在"设置单元格格式"对话框中选择"自定义"选项，在"类型"列表框中输入"0 万元"，0 代表数字，万元则是要添加的单位，如图 11-41 所示。

图 11-41　自定义格式

　　3）单击"确定"按钮即可完成单位的添加，如图 11-42所示。

图 11-42　单位添加效果

注　意

　　如果在数字前还需要添加文字，如在"类型"文本框中输入"总共 0 万元"，效果如图 11-43 所示。

图 11-43　数字前添加文字效果图

11.5.2 制作工资条

本小节介绍制作工资条的一些基本操作和技巧。当然，工资条的制作方法有很多种，可以根据所学知识灵活应用。

1）在制作工资条时，需要将每个人的工资明细拆分出来，利用序列号和排序功能即可快速拆分。在G列中输入序列号，如图11-44所示。

工号	姓名	部门	基本工资	业绩提成	合计（税前）	
18080	陈嘉洁	业务部	4000	1200	5200	1
18081	高御	业务部	4000	3000	7000	2
18082	郝寒	业务部	4000	1300	5300	3
18083	李宜	业务部	4000	2800	6800	4
18084	林涵容	业务部	4000	1200	5200	5
18085	陆启	设计部	5000	2100	7100	6
18086	邱茂彦	设计部	5500	1700	7200	7
18087	孙贞娴	设计部	4800	2800	7600	8
18088	武世	设计部	6000	2900	8900	9
18089	孙达	设计部	5500	1600	7100	10
						11

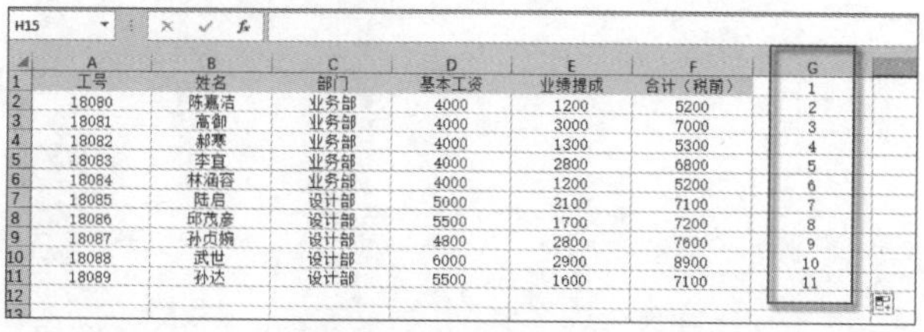

图11-44　输入序列号

2）将G1:G11复制到G12:G33中，如图11-45所示。

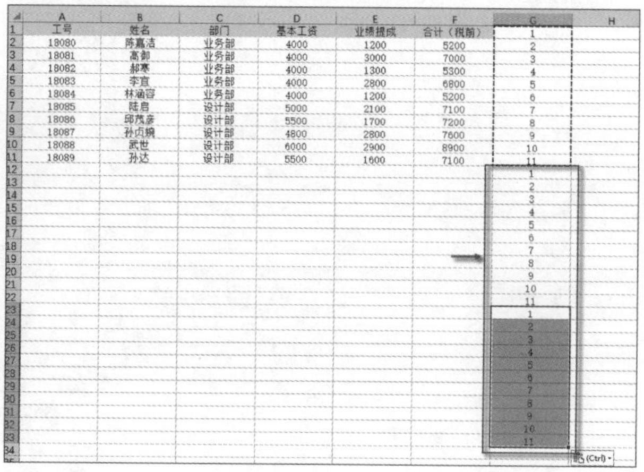

图11-45　复制序列号

3）将A1:F1复制并粘贴到A23:F33中，如图11-46所示。

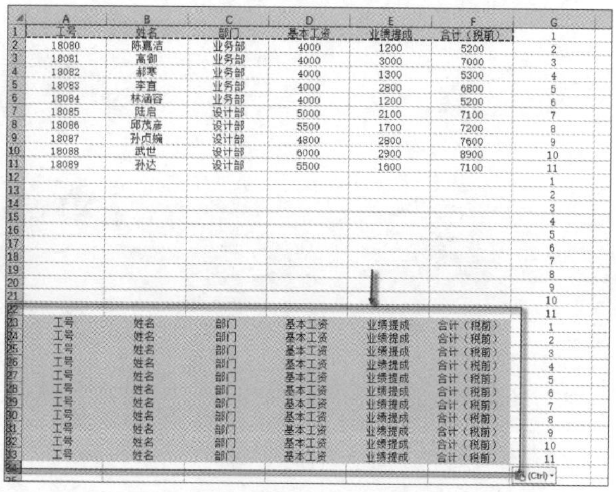

图11-46　复制粘贴表头

4）选中G列，在功能区“开始”选项卡的“编辑”面板中单击“排序和筛选”按钮，接着选择“升序”选项，在弹出的“排序提醒”对话框中选中“扩展选定区域”单选按钮，如图11-47所示。

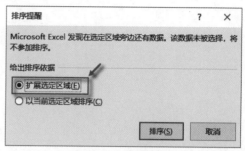

图11-47　扩展选定区域

5）在“排序提醒”对话框中单击“排序”按钮，排序效果如图11-48所示。

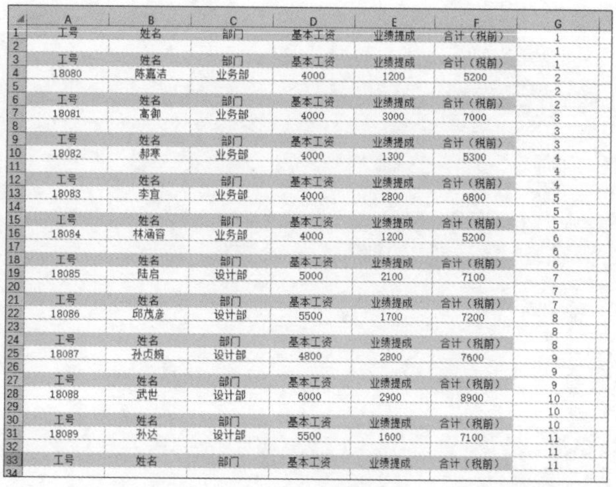

图11-48　排序效果

6）将多余的表头及序号删除即可完成工资条的拆分。

读书笔记

第三部分

· ·

PPT 高效办公应用

第**12**章

第 **12** 章

PPT 幻灯片应用基础

◎ **本章导读：**

PowerPoint（简称 PPT）幻灯片在商务办公中的应用比较广泛，比如给客户介绍公司情况、介绍产品，展示商业计划书等。本章主要介绍 PPT 幻灯片的应用基础，为后面深入学习 PPT 打下扎实基础。PPT 幻灯片应用基础知识主要有幻灯片新建及保存，幻灯片插入，幻灯片删除，幻灯片移动与复制，幻灯片隐藏及显示，幻灯片播放，幻灯片文本内容输入与样式设置，占位符使用，以及其他一些基本使用技巧等。

12.1.1 新建空白演示文稿

要启动 Microsoft PowerPoint 2019，可以在计算机窗口左下角处单击"开始"按钮⊞，接着在软件列表中选择"Microsoft PowerPoint 2019"选项，即可启动 Microsoft PowerPoint 2019，PowerPoint 的初始界面如图 12-1 所示。在右侧的模板选择框中选择"空白演示文稿"模板即可完成空白演示文档的创建。

图 12-1 PowerPoint 初始界面

12.1.2 基于模板范本新建演示文稿

在 PPT 中，系统也提供了许多模板样式（包括联机模板）供用户选择。首先单击功能区"文件"选项卡，接着选择"新建"选项，在右侧的新建框中选择或搜索所需要的模板主题类型，如图 12-2 所示。

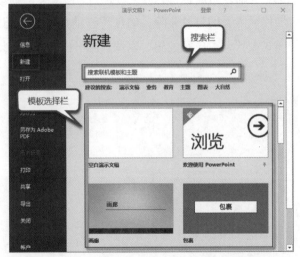

图 12-2 模板搜索

在模板选择栏中单击所需要的模板类型后，在弹出的对话框中单击"创建"按钮即可完成模板文稿的创建，如图 12-3 所示。

图 12-3 创建模板

基于选定模板范文来创建的文稿效果如图 12-4 所示。

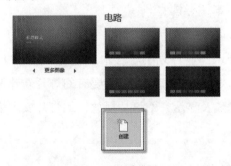

图 12-4 基于模板的文稿效果

Word/Excel/PPT 2019 商务办公完全自学手册

12.1.3　演示文稿的保存

在文稿编辑过程中，为了避免意外情况导致的损失，及时的保存操作是非常必要的。要保存演示文稿，可以在功能区"文件"选项卡中选择"保存"选项，如果是第一次保存的文档，系统会自动跳转到"另存为"选项，然后在右侧单击"浏览"按钮，如图12-5所示，随后在弹出的"另存为"对话框中指定保存类型，选择保存位置，然后单击"保存"按钮即可完成，如图12-6所示。

图 12-5　跳转到"另存为"选项

12.1.4　演示文稿的定时保存

为了避免突然死机或者停电等意外因素造成的文件丢失，在PPT中也可以设置文稿定时保存来最大程度地减少损失，操作步骤如下。

1）首先在功能区"文件"选项卡中选择"选项"选项，如图12-7所示，系统弹出"PowerPoint选项"对话框。

图 12-7　选择"选项"选项

12.1.5　演示文稿的保护

为了避免意外更改的情况发生，在PPT中可以对文稿进行其他保护设置。

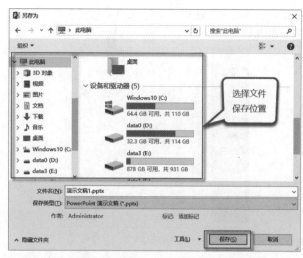

图 12-6　保存文件

要保存PPT演示文稿，也可以在"快速访问"工具栏中单击"保存"按钮 。

2）在"PowerPoint选项"对话框的左窗格中选择"保存"选项，接着在右侧"保存演示文稿"选项组中选中"保存自动恢复信息时间间隔"复选框并输入间隔分钟数，然后单击"确定"按钮即可，如图12-8所示。

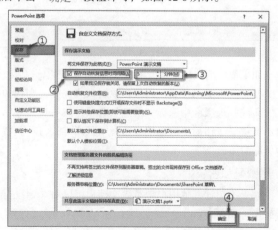

图 12-8　定时保存设置

1. 始终以只读方式打开

设置只读方式是为了避免读者在浏览文件时对文件进

行编辑。设置只读方式的方法是：首先在功能区"文件"选项卡中选择"信息"选项，在右侧单击"保护演示文稿"按钮，然后在下拉列表中选择"始终以只读方式打开"选项，如图 12-9 所示。

图 12-9　设置始终以只读方式打开

设置完成后，"保护演示文稿"选项会附上底纹表明已设置，如图 12-10 所示。

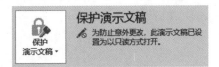

图 12-10　设置提醒

设置完成后重新打开文档便会在文档中显示该文档为只读模式，如图 12-11 所示。

图 12-11　只读方式打开

如果要取消只读模式，则可以单击"仍然编辑"按钮，此时便可进入编辑模式；如果要取消只读保护，则在功能区"文件"选项卡中选择"信息"选项，然后单击"保护演示文稿"按钮后再次单击"始终以只读方式打开"状态即可取消保护。

2.用密码加密

如果不想让其他用户浏览该文档，可以对文档进行加密操作，其方法如下。

1）在功能区"文件"选项卡中选择"信息"选项，接着在右侧单击"保护演示文稿"按钮，再在下拉列表中选择"用密码进行加密"选项，如图 12-12 所示。

2）在弹出的"加密文档"对话框中输入密码，如图 12-13 所示。

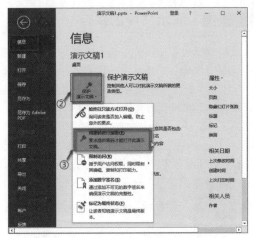

图 12-12　选择"用密码加密"选项

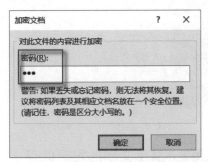

图 12-13　输入密码

3）单击"确定"按钮后，弹出"确认密码"对话框，在"确认密码"对话框中重新输入密码进行确认，如图 12-14 所示，然后单击"确定"按钮。

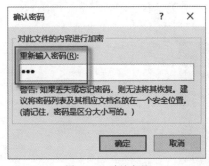

图 12-14　确认密码

设置密码后并保存文档，之后重新打开该文档时便会弹出"密码"对话框，如图 12-15 所示。只有输入正确的密码才能打开该文档。

图 12-15　"密码"对话框

如果想取消密码保护，可以在功能区"文件"选项卡中选择"信息"选项，接着单击"保护演示文稿"按钮后在其下拉列表中选择"用密码进行加密"选项，随后在弹出的"加密文档"对话框中将密码清空，如图12-16所示，最后单击"确定"按钮即可。

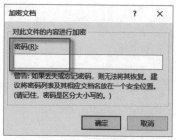

图 12-16　取消密码保护

12.1.6　演示文稿的格式转换

在PPT中，默认文档保存格式为"pptx"文档，如果想转换为其他格式进行保存，那么可以在功能区"文件"选项卡中选择"另存为"选项，接着单击"浏览"按钮，弹出"另存为"对话框，从"保存类型"下拉列表框中选择所需要的格式，如图12-17所示。

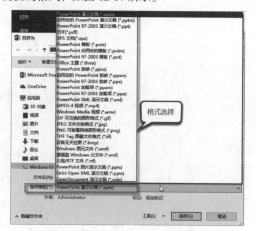

图 12-17　格式选择

读书笔记

12.2 ▶ 基本操作

12.2.1　插入幻灯片

幻灯片的插入主要有以下两种方法。

1. 右键快速新建

在幻灯片的空白处右击，接着从弹出的快捷菜单中选择"新建幻灯片"命令即可，如图12-18所示。

2. 利用"开始"选项卡的"新建幻灯片"工具新建

在功能区"开始"选项卡的"幻灯片"面板中单击"新建幻灯片"按钮 快速创建幻灯片，或者单击"新建幻灯片"按钮 旁的下拉按钮，并从幻灯片列表中选择所需要的幻灯片类型即可，如图12-19所示。

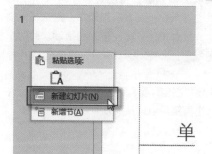

图 12-18　使用快捷菜单方式新建幻灯片

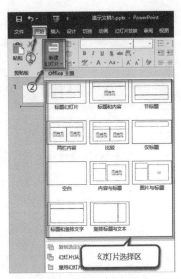

图 12-19　新建幻灯片

12.2.2　删除幻灯片

如果要删除多余的幻灯片，可在该幻灯片处右击，接着从弹出的快捷菜单中选择"删除幻灯片"命令即可将其快速删除，如图 12-20 所示。

图 12-20　删除幻灯片

12.2.3　幻灯片的移动及复制

在演示文稿排版编辑的过程中，每一张幻灯片的位置都可以进行调整。其方法很简单，先选择需要调整位置的幻灯片，接着按住鼠标左键进行拖动，此时鼠标指针会转换成图标，如图 12-21 所示，可将幻灯片拖动到所需位置。

如果要复制幻灯片，那么可以在该幻灯片上右击，接着在弹出的快捷菜单中选择"复制幻灯片"命令，如图 12-22 所示。

除了右键删除之外，也可以先选中需要删除的幻灯片后按 Delete 键来完成删除。

图 12-21　移动幻灯片　　　　图 12-22　复制幻灯片

选择"复制幻灯片"命令后便会在该幻灯片后面自动粘贴该幻灯片,接着可以再对复制得到的幻灯片调整位置。除了该方法之外,也可以选中需要复制的幻灯片,接着按快捷键 Ctrl+C 进行复制,然后在指定位置处按快捷键 Ctrl+V 进行粘贴即可。

12.2.4 幻灯片的隐藏及显示

如果不想让某张幻灯片在放映过程中出现,可以选择将该幻灯片隐藏,其方法是:在该幻灯片上右击,如图 12-23 所示,接着在弹出的快捷菜单中选择"隐藏幻灯片"命令即可。

图 12-23　隐藏幻灯片

对于隐藏之后的幻灯片,系统会在序号处出现一个反斜杠表示隐藏,同时该幻灯片缩略图变得浅淡了,如图 12-24 所示。

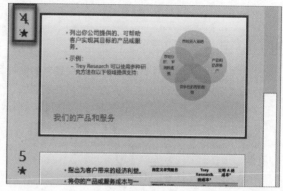

图 12-24　隐藏效果

如果要取消隐藏,则可右击该幻灯片并从弹出的快捷菜单中再次选择"隐藏幻灯片"命令以取消其选中状态,即可取消隐藏。

12.2.5 幻灯片的播放

幻灯片播放主要有两种方式,一种是从头开始播放;另一种是从当前幻灯片开始播放。

1. 从头开始播放

首先在功能区"幻灯片放映"选项卡的"开始放映幻灯片"面板中单击"从头开始"按钮,如图 12-25 所示,或者按快捷键 F5,就会从第一张幻灯片开始进行放映。

图 12-25　执行"从头开始"播放命令

2. 从当前幻灯片开始播放

在功能区"幻灯片放映"选项卡的"开始放映幻灯片"面板中单击"从当前幻灯片开始"按钮,如图 12-26 所示,或者按快捷键 Shift+F5,则幻灯片会从当前选中的幻灯片开始放映。

图 12-26　"从当前幻灯片开始"播放

12.3 文本内容

12.3.1 输入文本

在插入的幻灯片中,一般会有默认文本占位符供用户输入文本,用户也可以在功能区"插入"选项卡的"文本"面板中单击"文本框"按钮来插入文本框,单击幻灯片中的文本框即可输入文本,如图 12-27 所示。

图 12-27　输入文本

12.3.2　字体格式的设置

幻灯片中的文字也可以进行文字格式的设置，如果需要修改部分文字格式，首先选中文本内容，然后在功能区"开始"选项卡中的"字体"面板进行设置即可，如图 12-28 所示。

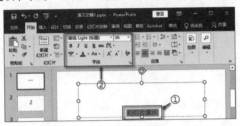
图 12-28　字体格式设置

12.3.3　艺术字样式的设置

如果在文稿编辑过程中需要使用艺术字字样，可以在功能区"插入"选项卡的"文本"下拉列表中单击"艺术字"按钮 A，如图 12-29 所示，接着在"艺术字"下拉列表中选择合适的艺术字样式，在编辑区会出现"请在此放置您的文字"文本框，在文本框内编辑文本内容即可完成艺术字的插入，如图 12-30 所示。

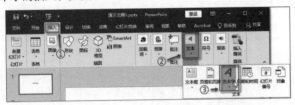
图 12-29　插入艺术字

如果需要对整个文本框文字格式进行设置，则选中该文本框后在功能区"开始"选项卡的"字体"面板中进行设置即可。

图 12-30　艺术字文本输入

12.4　占位符的使用

在 PPT 中，占位符是一个比较常用的功能。占位符分为 10 种：内容、内容（竖排）、文本、文本（竖排）、图片、图表、表格、SmatArt、媒体及联机图像。

占位符只能在幻灯片母版中插入。下面的例子使用的是图片占位符。

1）在功能区"视图"选项卡的"母版视图"面板中单击"幻灯片母版"按钮 🖾，如图 12-31 所示。

图 12-31　打开幻灯片母版

2）在功能区"幻灯片母版"选项卡的"母版版式"面板中单击"插入占位符"按钮，在其下拉列表中选择"图片"选项，如图 12-32 所示。

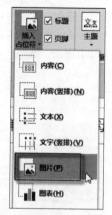

图 12-32　插入图片占位符

3）此时在编辑区插入图片占位符，如图 12-33 所示。

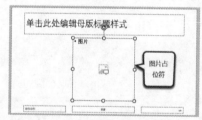

图 12-33　插入图片占位符

4）在功能区"幻灯片母版"选项卡的"关闭"面板中单击"关闭母版视图"按钮退出母版视图，如图 12-34 所示。

图 12-34　关闭母版视图

5）选中需要更改版式的幻灯片，在功能区"开始"选项卡的"幻灯片"面板中单击"幻灯片版式"按钮，并在

打开的下拉列表中选择刚刚设置的版式，如图 12-35 所示。

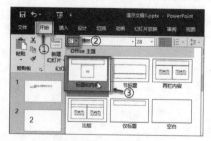

图 12-35　更换版式

6）在幻灯片编辑区单击图片占位符中间的图标，随后在弹出的"插入图片"对话框中选择需要插入的图片即可，如图 12-36 所示。

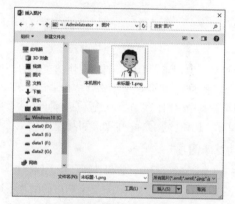

图 12-36　插入图片

7）单击"插入"按钮，则插入的图片会自动根据占位符的大小自动调整，如图 12-37 所示。

图 12-37　使用图片占位符的效果

12.5 ▶ 专家点拨

12.5.1　PPT 幻灯片的几点使用技巧

1. 直接放映 PPT

在演示文稿过程中，如需直接开始演示文稿，并不需要打开文件后再进行放映，只需要在文件上右击，从弹出的快捷菜单中选择"显示"命令即可直接进入文档放映模式，如图 12-38 所示。

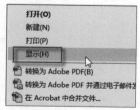

图 12-38　直接放映

2. 放映时隐藏指针

在放映过程中，鼠标指针也可以设置为隐藏模式。首先在放映模式下右击并从弹出的快捷菜单中选择"指针选项"|"箭头选项"|"永远隐藏"命令即可隐藏鼠标，如图 12-39 所示。

图 12-39　隐藏鼠标指针

如果需要取消指针隐藏，再次在快捷菜单的"指针选项"|"箭头选项"级联菜单中选择"自动"或者"可见"选项即可。其中，"自动"选项设置鼠标停止 3 秒后自动隐藏，"可见"选项设置鼠标一直处于可见模式。

3. 自动更新图片

在插入图片的过程中，如果选择"插入和链接"选项，则文档会根据图片的更改自动更新文档内的图片，这样可以省去更新图片的烦恼，如图 12-40 所示。

图 12-40　"插入和链接"图片

12.5.2 **幻灯片转换为图片**

如果需要将幻灯片转换为图片模式进行保存，那么可以按照以下步骤来进行。

1）在功能区"文件"选项卡中选择"另存为"选项，接着单击"浏览"按钮，在弹出的"另存为"对话框中选择"保存类型"为"JPEG 文件交换格式（*.jpg）"或其他图片格式，如图 12-42 所示，然后单击"保存"按钮。

4. 增加撤销输入次数

在 PPT 默认的设置下，最多可取消操作数为 20 次，但是此次数可以增加以保存更多的操作步骤以便撤销。在功能区"文件"选项卡中选择"选项"选项，接着在弹出的"PowerPoint 选项"对话框中选择"高级"选项，在右侧"编辑选项"选项组中更改"最多可取消操作数"的数量，最高上限为 150 次，如图 12-41 所示。

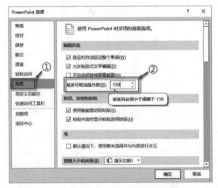

图 12-41　更改最多可取消操作数

读书笔记

2）在弹出的"Microsoft PowerPoint"对话框中单击"所有幻灯片"按钮，如图 12-43 所示。

3）系统弹出"Microsoft PowerPoint"对话框，提示图片会以独立文件方式保存到显示的地址上，单击"确定"按钮即可完成，如图 12-44 所示。

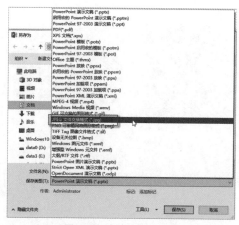

图 12-42　保存为图片格式

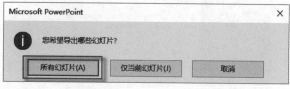

图 12-43　导出所有幻灯片

图 12-44　保存提醒

完成操作后幻灯片会以图片的形式保存到系统提示的地址中，如图 12-45 所示。

图 12-45　保存效果

12.6　案例操练——制作公司简介演示文稿

下面利用模板来快速制作一个关于公司简介的演示文稿。

1）新建一个演示文稿文件，在联机模板中选择"框架"模板文件，如图 12-46 所示。

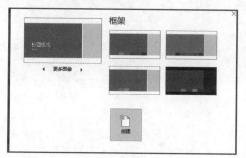

图 12-46　创建模板

2）在第一张幻灯片编辑区的文本占位符中输入公司名称和简介及编写人，如图 12-47 所示。

图 12-47　文本输入

3）在幻灯片区新建几个新的幻灯片，并在功能区"开始"选项卡的"幻灯片"面板中单击"幻灯片版式"按钮，然后选择合适的版式类型，如图 12-48 所示。

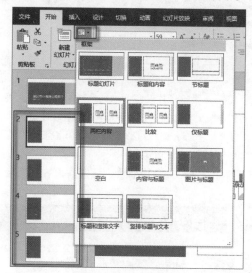

图 12-48　新建幻灯片

4）将第 2 张幻灯片版式设置为"标题和内容"版式，并在占位符中输入文本，如图 12-49 所示。

5）将第 3 张幻灯片设置为"两栏内容"版式，接着在占位符中输入文本并插入图片，如图 12-50 所示。

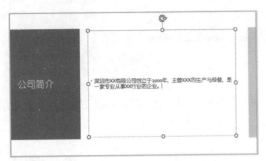

图 12-49　公司简介

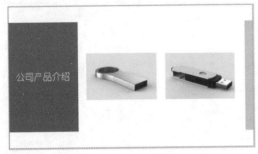

图 12-50　公司产品介绍

6）在图片下方各插入一个文本框对产品进行介绍说明，如图 12-51 所示。

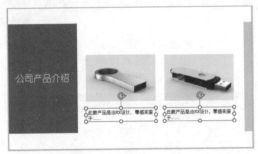

图 12-51　插入文本框

7）将第 4 张幻灯片设置为"两栏内容"版式，接着在占位符中输入文本，插入图片和文本框介绍公司团队，如果一张幻灯片不够介绍，可以复制粘贴第 4 张幻灯片继续介绍团队，如图 12-52 所示。

8）将第 7 张幻灯片设置为"标题与内容"版式，接

图 12-52　公司团队介绍

着在占位符中输入公司联系方式及地址信息，如图 12-53 所示。

图 12-53　公司联系方式

9）将最后一张幻灯片设置为"标题幻灯片"版式，并在占位符中输入结尾致谢词以结束该文稿的演示，如图 12-54 所示。

图 12-54　结尾致谢

这样就完成了一份简单的公司简介 PPT 文稿的制作，之后可以对该 PPT 进行内容提炼和页面美化工作。

12.7　自学拓展小技巧

12.7.1　标题文字纹理效果

首先选中需要设置效果的文字内容，右击，在弹出的快捷菜单中选择"设置文字效果格式"命令，在右侧"设置形状格式"对话框中单击"文本填充与轮廓"按钮 **A**，

选中"图片或纹理填充"单选按钮，单击"纹理"下拉按钮，然后选择合适的纹理即可，如图 12-55 所示。

填充效果如图 12-56 所示。

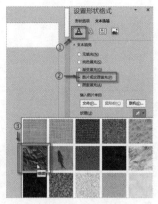

图 12-55 纹理填充

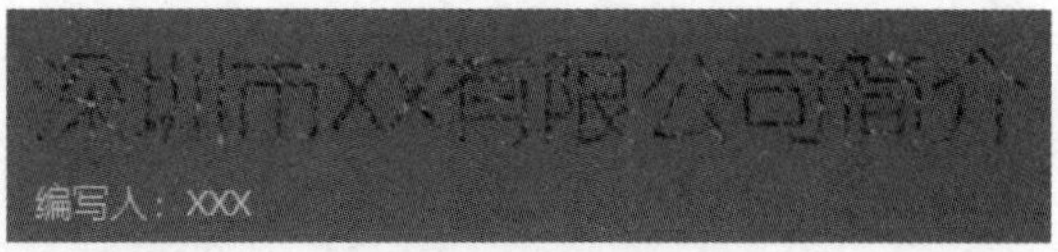

图 12-56 填充效果

12.7.2 锁定图片纵横比

在调整图片大小的时候，为了防止图片在调整过程中变形，可以锁定图片的纵横比。选中图片，右击，在弹出的快捷菜单中选择"设置图片格式"命令，在弹出的"设置图片格式"对话框中单击"大小与属性"按钮 ▦，选中"大小"选项组的"锁定纵横比"复选框即可，如图 12-57 所示。

锁定后，改变了"高度"的数值，"宽度"也会随着纵横比自动调整。

图 12-57 锁定纵横比

12.7.3 默认文本框设置

在 PPT 中，相信很多人都是采用这样的方式来录入文字的：新建文本框→输入内容→设置字体、颜色、字号等。这样的方式导致重复性工作较多，在这种情况下可以使用默认文本框进行设置。方法是在设置好的选定文本框上右击，接着从弹出的快捷菜单中选择"设置为默认文本框"命令即可。

读书笔记

第 **13** 章

带你玩转 PPT 幻灯片

◎ **本章导读:**

　　本章带你玩转 PPT 幻灯片,具体内容包括幻灯片母版设计(含幻灯片母版页面、背景、标题页版式、正文页版式、封底页版式及版式切换)、图片应用、图表应用、音频元素应用、视频元素应用、动画应用和超链接使用技巧等。

13.1 幻灯片母版设计

幻灯片母版是存储相关板块或者版面设计的模板，设计幻灯片母版可以将设定好的样式效果快速应用到幻灯片上。

13.1.1 幻灯片母版页面

在功能区"视图"选项卡的"母版视图"面板中单击"幻灯片母版"按钮，如图 13-1 所示，随后会进入幻灯片母版设计页面，如图 13-2 所示。

图 13-1 幻灯片母版

图 13-2 幻灯片母版设计页面

13.1.2 幻灯片母版背景

在功能区"幻灯片母版"选项卡的"背景"面板中单击"背景样式"按钮，接着从其下拉列表中选择其中一个背景样式，或者选择"设置背景格式"选项，如图 13-3 所示。

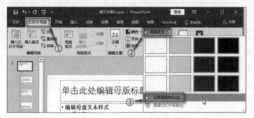

图 13-3 设置背景格式

这里以选择"设置背景格式"选项为例，系统弹出"设置背景格式"对话框，在该对话框中可以对背景进行设置。这里选中"图片或纹理填充"单选按钮，接着单击"文件"按钮，如图 13-4 所示，随后在弹出的"插入图片"对话框中选择需要的背景图片后，单击"插入"按钮即可，如图 13-5 所示。

图 13-4 插入背景图片

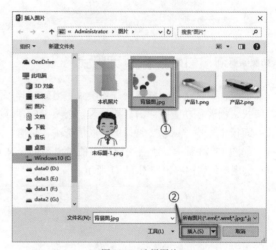

图 13-5 选择图片

背景图片插入效果如图 13-6 所示。

图 13-6 背景图片插入效果

如果需要对图片效果进行设置，那么可以在"艺术效果"选项组中单击"艺术效果"按钮，接着在下拉列表中选择合适的效果样式即可，如图 13-7 所示。

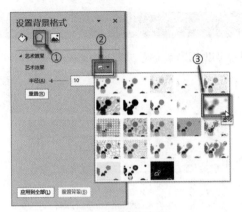

图 13-7　艺术效果设置

艺术效果设置如图 13-8 所示。

图 13-8　艺术效果

13.1.3　幻灯片标题页版式

在母版样式区选中"标题幻灯片版式：由幻灯片 1 使用"版式，接着在功能区"幻灯片母版"选项卡的"母版版式"面板中选中"标题"复选框，取消选中"页脚"复选框，如图 13-10 所示。然后在模板中便会出现两个文本占位符供用户编辑内容，如图 13-11 所示。

图 13-10　选中标题　　　　　图 13-11　文本占位符

在占位符中输入对应的内容信息。编辑完成后在幻灯片区该幻灯片处右击，在弹出的快捷菜单中选择"重命名

13.1.4　幻灯片正文页版式

在默认母版版式中一般都会提供几款默认的正文版式，如"标题和内容""两栏内容""比较"和"空白"等。如果用户需要重新创建正文版式，那么可以按照以下步骤来进行。

1）在幻灯片区右击，接着从弹出的快捷菜单中选择"插入版式"命令，如图 13-14 所示。

在"图片"选项卡中也可以对图片的清晰度、亮度、对比度及颜色等进行设置，如图 13-9 所示。

图 13-9　图片设置

版式"命令，如图 13-12 所示。随后在弹出的"重命名版式"对话框的"版式名称"文本框中输入"标题幻灯片"，单击"重命名"按钮即可，如图 13-13 所示。

图 13-12　"重命名版式"对话框　　　图 13-13　重命名

图 13-14　从快捷菜单中选择"插入版式"

2）幻灯片区便会插入一个"自定义版式"的母版版式，在功能区"幻灯片母版"选项卡的"母版版式"面板中取消选中"标题"复选框和"页脚"复选框，如图 13-15 所示，然后单击"插入占位符"按钮。

图 13-15　插入占位符

3）分别插入"内容"和"文本"占位符作为标题和文本内容的编辑区域，如图 13-16 所示。

图 13-16　插入占位符

4）在功能区"插入"选项卡中单击"形状"按钮以打开"形状"列表，从中选择"□"，如图 13-17 所示。

图 13-17　选择插入矩形

5）在文本编辑区插入矩形作为内容序号编辑处，如图 13-18 所示。

图 13-18　插入矩形

6）选中插入的矩形形状，右击，在弹出的快捷菜单中选择"设置对象格式"命令，如图 13-19 所示，系统弹出"设置形状格式"对话框。

图 13-19　格式设置

7）在"设置形状格式"对话框中打开"填充"选项组，选中"渐变填充"单选按钮，将预设渐变设置为"浅色渐变 – 个性色 6"，方向设置为"线性向下"，如图 13-20 所示。

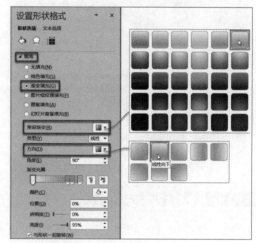

图 13-20　填充设置

8）在"设置形状格式"对话框中打开"线条"选项组，选中"无线条"单选按钮，如图 13-21 所示。

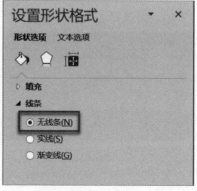

图 13-21　线条设置

9）在矩形框上插入一个"文本"占位符，设置完成效果如图 13-22 所示。

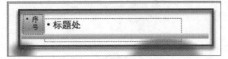

图 13-22　设置效果

10）在幻灯片区该幻灯片处右击，从弹出的快捷菜单中选择"重命名版式"命令，系统弹出"重命名版式"对话框，在"版式名称"文本框中输入"正文页版式"，然后单击"重命名"按钮，如图 13-23 所示。

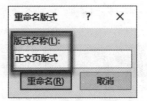

图 13-23　重命名正文页版式

13.1.5　幻灯片封底页版式

可以按照以下步骤来设置幻灯片封底页版式。

1）插入一个新的版式幻灯片，在功能区"幻灯片母版"选项卡的"母版版式"面板中取消选中"标题"和"页脚"复选框，接着单击"插入占位符"按钮，先插入两个"内容"占位符以供用户编辑"结尾致谢词"和"公司信息"，如图 13-24 所示。

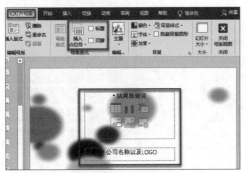

图 13-24　插入相应占位符

2）在幻灯片区该幻灯片处右击，接着从弹出的快捷菜单中选择"重命名版式"命令，系统弹出"重命名版式"对话框，在"版式名称"文本框中输入"封底页版式"（版式名称可自定），如图 13-25 所示，最后单击"重命名"按钮。

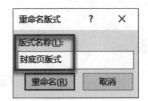

图 13-25　重命名封底页版式

13.1.6　幻灯片版式切换

在幻灯片母版中设置好版式之后，如果想将该版式应用到某一张幻灯片中，可以先选择要调整的幻灯片，接着在功能区"开始"选项卡的"幻灯片"面板中单击"版式"按钮，如图 13-26 所示，此时打开的"版式"下拉列表会显示原先设置好的各个母版版式，如图 13-27 所示。在此"版式"下拉列表中选择需要的版式即可。

图 13-26　应用版式

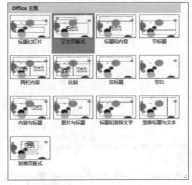

图 13-27　打开"版式"下拉列表

13.2 ▸ 图片的应用

13.2.1　插入图片

插入图片的方法很简单。在功能区"插入"选项卡的"图像"面板中单击"图片"按钮，如图 13-28 所示。系统弹出"插入图片"对话框，在此对话框中选择要插入的图片之后，单击"插入"按钮，如图 13-29 所示。

图 13-28　插入图片

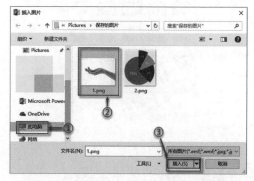

图 13-29　选择插入图片

13.2.2　编辑图片

可以通过拖曳图片边框上的圆点来快速调整图片的大小。将鼠标移动至边框上的 "〇" 直至鼠标光标转换成 "⟷" 时，按住鼠标左键拖曳即可快速调整图片大小，如图 13-30 所示。

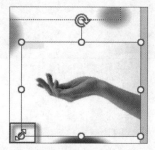

图 13-30　调整大小

图片的位置调整也很简单，将鼠标移至图片上直至鼠标转换成 "↖" ，然后按住鼠标左键进行拖曳即可，如图 13-31 所示。

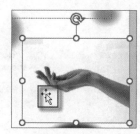

图 13-31　调整位置

如果要给图片重新着色，那么可先选择需要编辑的图片，接着在功能区"格式"选项卡的"调整"面板中单击 1 "颜色"按钮，然后在"颜色"下拉列表的"色调"组中选择"色温：5900K"，在"重新着色"组中选择"蓝色，个性色 1 浅色"选项，如图 13-32 所示。得到的颜色设置效果如图 13-33 所示。

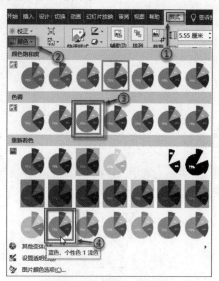

图 13-32　图片重新着色

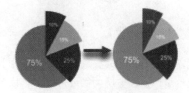

图 13-33　颜色设置效果

再进行图片快速样式设置。在功能区"格式"选项卡的"图片样式"面板中单击"快速样式"下拉按钮，在其下拉列表中选择"棱台透视"选项，如图 13-34 所示，得到的设置效果如图 13-35 所示。

第 13 章　带你玩转PPT幻灯片

207

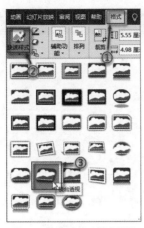

图 13-34　图片快速样式设置

图 13-35　快速样式效果

读书笔记

13.2.3　图片的艺术效果

要设置图片的艺术效果，可以先选择需要设置艺术效果的图片，接着在功能区"格式"选项卡的"调整"面板中单击"艺术效果"按钮🖼️，在打开的下拉列表中选择其中一种艺术效果选项即可，如选择"影印"艺术效果选项，如图 13-36 所示。如果有需要，还可以从"艺术效果"下拉列表中选择"艺术效果选项"选项以打开"设置图片格式"对话框，再利用该对话框的"艺术效果"选项组来定义图片的艺术效果。

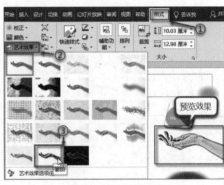

图 13-36　艺术效果设置

13.2.4　图片的叠放顺序

在插入图片的过程中，往往会出现该图片被另外一张图片背景色盖住的情况，如图 13-37 所示。

图 13-37　出现图片叠放的情况

此时就需要调整图片的叠放顺序来将图片上移一层或下移一层。这里以上移一层为例进行介绍。首先选中需要调整的图片，右击并从弹出的快捷菜单中选择"置于顶层"选项右侧的"▶"按钮，然后选择"上移一层"命令，如

图 13-38 所示，所选图片便上移到上一张图片的层次之上，如图 13-39 所示。如果选择"置于顶层"命令，则所选图片便被置于所有图片之上。

图 13-38　上移一层

图 13-39　上移一层设置效果

13.3.1 插入表格

在 PPT 幻灯片中可以轻松地插入表格。

在功能区"插入"选项卡的"表格"面板中单击"表格"按钮▦，接着在"表格"下拉列表中选择适当的表格行列区域来生成相应表格，或者选择"插入表格"选项，如图 13-40 所示。选择"插入表格"选项后，系统弹出"插入表格"对话框，分别输入列数和行数，如图 13-41 所示，然后单击"确定"按钮，得到的插入效果如图 13-42 所示。

图 13-40 插入表格

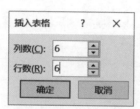

图 13-41 "插入表格"对话框

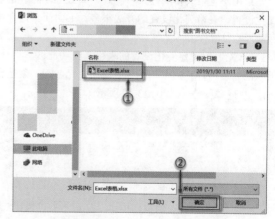

图 13-42 表格效果

读书笔记

13.3.2 导入外部表格

如果要在 PPT 中导入外部表格，那么可以参考以下步骤来进行。

1）在功能区"插入"选项卡的"文本"面板中单击"对象"按钮▢，如图 13-43 所示。

图 13-43 插入对象

2）在弹出的"插入对象"对话框中选中"由文件创建"单选按钮，接着单击"浏览"按钮，如图 13-44 所示，系统弹出"浏览"对话框。

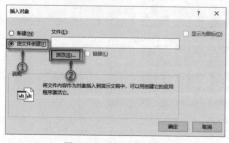

图 13-44 插入对象文件

3）在"浏览"对话框中选择所要插入的表格文件，如图 13-45 所示，然后单击"确定"按钮。

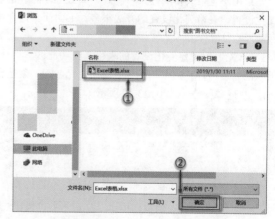

图 13-45 选择表格文件

4）在"插入对象"对话框的"文件"框处便显示所选定的文件名及其路径，如图 13-46 所示，然后单击"确定"按钮。

图 13-46 "插入对象"对话框

5) 表格中的数据便会以表格的形式插入 PPT 中,如图 13-47 所示。

图 13-47 插入效果

13.3.3 表格美化的设置

如果用户觉得表格的样式不美观,那么可以对表格进行美化设置。表格美化设置的方法很多,下面简单地介绍一种常规的设置方法。

1) 首先选中需要美化设置的表格,在功能区"设计"选项卡的"表格样式选项"面板中选中"标题行"复选框及"镶边行"复选框,如图 13-49 所示。

图 13-49 表格样式选项

2) 在"表格样式"面板中单击"样式"下拉按钮打开样式列表框,如图 13-50 所示。

图 13-50 打开样式列表框

6) 如果需要编辑表格中的信息,则在该表格处双击即可进入 Excel 编辑模式,如图 13-48 所示。编辑完成后在表格之外的空白处单击便可快速退出编辑模式。

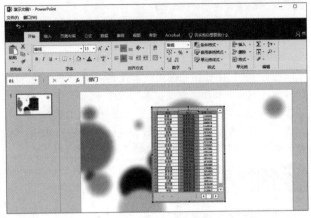

图 13-48 Excel 编辑模式

读书笔记

3) 在"样式"下拉列表框中选择样式"主体样式 1-强调 1",如图 13-51 所示。快速使用此样式设置得到的效果如图 13-52 所示。

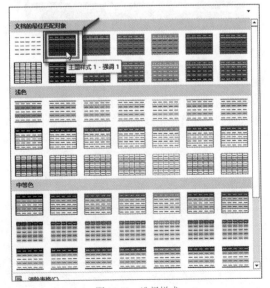

图 13-51 选择样式

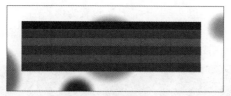

图 13-52　样式效果

13.4 音频元素的应用

13.4.1 添加音频

如果想要为幻灯片插入计算机上的音频，可以按照以下步骤进行操作。

1）在功能区"插入"选项卡的"媒体"面板中单击"音频"按钮 🔊，接着在打开的"音频"下拉列表中选择"PC 上的音频"选项，如图 13-53 所示，系统弹出"插入音频"对话框。

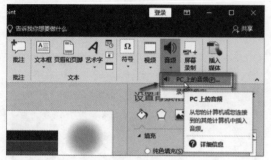

图 13-53　插入音频

2）在"插入音频"对话框中选择所要插入的音频文件，接着单击"插入"按钮，如图 13-54 所示。插入后会在幻灯片中显示一个音频文件的图标，如图 13-55 所示。

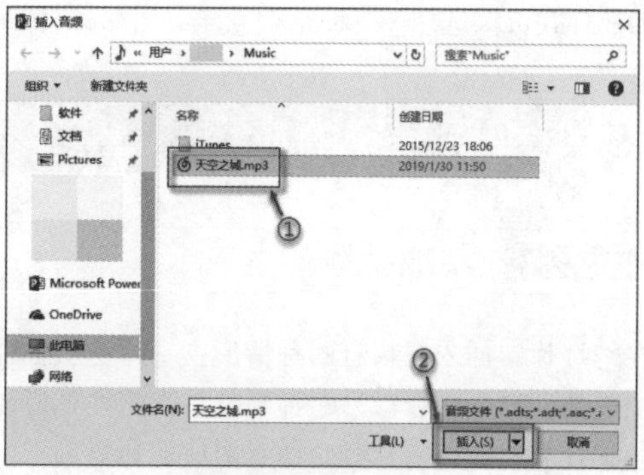

13.4.2 编辑音频

如果需要修改音频的图标样式，可以先选中音频图标，接着在功能区"格式"选项卡中对音频图标的图片样式进行修改，修改的方法参照 13.2.2 节中图片编辑中的相关要点。

在功能区"播放"选项卡中可以对音频文件及音频的播放进行编辑设置，包括音频裁剪、音频淡化持续时间等。下面以音频裁剪操作为例进行介绍。

1）选择要编辑的音频，功能区出现"播放"选项卡，接着在"播放"选项卡的"编辑"面板中单击"剪裁音频"

图 13-54　选择音频文件

图 13-55　音频图标

如果要插入当场录制的音频，那么可以从"音频"下拉列表中选择"录制音频"选项，系统弹出"录制声音"对话框，指定名称，单击相应工具来完成音频的录制，最后单击"确定"按钮。

按钮 🔊，如图 13-56 所示，系统弹出"剪裁音频"对话框。

图 13-56　剪裁音频

2）在"剪裁音频"对话框中拖曳左右裁剪按钮或者在"开始时间"和"结束时间"框中输入音频时间，如图 13-57 所示。

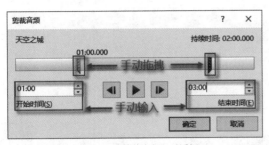

图 13-57 "剪裁音频"对话框

3）在"剪裁音频"对话框中单击"确定"按钮即可完成音频剪裁操作。

剪裁完音频后可以对音频播放样式进行设置。有两种音频插放样式可供选择：一种是"无样式"；另一种是"在后台播放"。以"在后台播放"设置为例，在"音频样式"面板中单击"在后台播放"按钮，此时在"音频选项"面板中会自动选中对应的复选框，如图 13-58 所示。

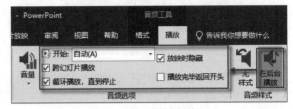

图 13-58 在后台播放

设置完成后按快捷键 Shift+F5 播放该张幻灯片，在演示中便会自动播放该音频文件并隐藏音频图标。

13.5 视频元素的应用

13.5.1 添加视频

在幻灯片中插入视频有两种情形：一种是从各种联机来源中查找和插入视频；另一种则是从当前计算机或连接到的其他计算机中插入视频，前者对应的命令为"联机视频"，后者对应的命令为"PC 上的视频"。下面以在幻灯片中插入"PC 上的视频"为例进行介绍。

1）在功能区"插入"选项卡的"媒体"面板中单击"视频"按钮，接着从"视频"下拉列表中选择"PC 上的视频"选项，如图 13-59 所示。

图 13-59 插入视频

2）系统弹出"插入视频文件"对话框，选择所要插入的视频文件，如图 13-60 所示。

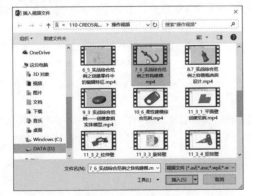

图 13-60 插入视频

3）单击"插入"按钮，插入的视频效果如图 13-61 所示。

图 13-61 插入视频效果

读书笔记

13.5.2 编辑视频

视频的样式也可以和图片一样进行编辑设置。例如，先选中要编辑的视频，接着在功能区"格式"选项卡的"视频样式"面板中单击"视频样式"下拉按钮▼，在该下拉列表框中选择"画布，灰色"选项，如图13-62所示。设置后的视频样式效果如图13-63所示。

视频文件和音频文件一样可以进行剪裁。选中视频时，功能区的视频工具显示"播放"选项卡，从"播放"选项卡的"编辑"面板中单击"剪裁视频"按钮🗐，系统弹出"剪裁视频"对话框；在"剪裁视频"对话框中分别设置"开始时间"和"结束时间"的值，如图13-64所示，然后单击"确定"按钮即可完成视频剪裁。

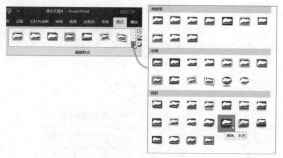

图 13-62　更改样式

图 13-63　视频样式效果

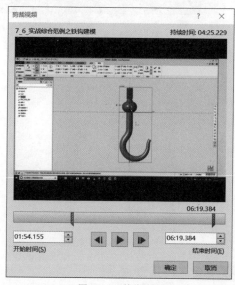

图 13-64　剪裁视频

13.6　动画的应用

13.6.1　添加播放动画效果

动画效果是PPT重要的组成部分，用户可以根据设置对象的类型进行不同的效果设置，请看以下操作范例。

1）首先选中需要设置的对象，在功能区"动画"选项卡的"动画"面板中单击"动画"下拉按钮，如图13-65所示。

图 13-65　动画设置

2）在打开的"动画"下拉列表中选择"进入"效果的"淡入"选项，如图13-66所示。

设置好后会在原来的对象左上角出现"1"的字样，即动画的排列顺序为1，如图13-67所示。

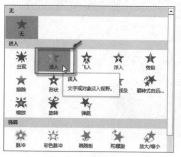

图 13-66　效果选择

图 13-67　动画顺序

注　意

在下一个对象进行动画设置后，下一个对象的左上角即会继续排序。

13.6.2 设置播放动画效果

如果想对动画进行进一步的编辑设置，那么可在功能区"动画"选项卡的"高级动画"面板中单击"动画窗格"按钮，如图 13-68 所示。随后会在窗口右侧弹出"动画窗格"对话框，选中动画1，单击相应的下拉按钮，选择"效果选项"选项，如图 13-69 所示。

此时系统弹出"淡入"对话框，利用此对话框对选定动画的效果进行更多的编辑设置。例如，在"效果"选项卡的"增强"选项组中设置声音为"打字机"，从"动画播放后"下拉列表框中选择"不变暗"选项；在"计时"选项卡的"开始"下拉列表框中选择"单击时"选项，设置"延迟"值为0秒，从"期间"下拉列表框中选择"快速（1秒）"，从"重复"下拉列表框中选择"无"选项，取消选中"播完后快退"复选框，如图 13-70 所示，然后单击"确定"按钮即可完成设置。

图 13-68　动画窗格

图 13-69　效果选项

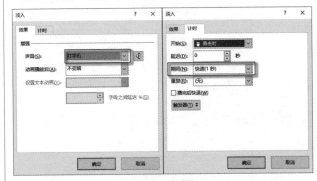

图 13-70　效果设置

13.6.3 巧用动画刷

如果要将一个对象的动画效果复制到另外一个对象上，那么用户可以使用动画刷的功能来进行快速设置，操作步骤如下。

1）首先选中已经设置好动画的对象，接着在功能区"动画"选项卡的"高级动画"面板中单击"动画刷"按钮，如图 13-71 所示。

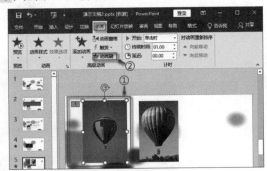

图 13-71　单击"动画刷"按钮

2）此时鼠标光标会转换成 ，单击需要设置的对象

即可完成动画效果的复制，如图 13-72 所示。

图 13-72　使用动画刷

设置完成后会在第二个对象左上角显示动画排序"2"，如图 13-73 所示。

图 13-73　设置效果

13.6.4 设置路径动画

路径动画是让对象根据用户自行设置的路径进行动画展示的高级动画效果，请看以下一个关于路径动画设置的操作

案例。

1）首先选中需要设置的对象，在功能区"动画"选项卡的"动画"面板中单击下拉按钮，并在打开的下拉列表中选择"其他动作路径"选项，如图 13-74 所示。

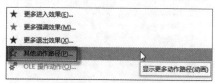

图 13-74　设置路径

2）在弹出的"更改动作路径"对话框中选择所需要的路径方案，如选择"心形"，如图 13-75 所示。

图 13-75　选择路径方案

13.6.5　动画转场

在 PPT 中进行切换时，巧用动画进行转场，可以大大提升 PPT 的观赏性。动画转场的操作步骤如下。

1）首先在功能区"插入"选项卡的"插图"面板中单击"形状"按钮以打开"形状"下拉列表，从中选择"矩形"选项，如图 13-77 所示。

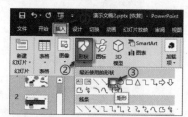

图 13-77　选择所需形状

2）使用相同的方法在当前页面插入两个矩形填满页面，如图 13-78 所示。

图 13-78　插入两个矩形

3）在"更改动作路径"对话框中单击"确定"按钮，完成设置后在该对象上显示路径，如图 13-76 所示。

图 13-76　路径效果

读书笔记

3）将矩形分别移动到页面的左右两侧，如图 13-79 所示。

图 13-79　旋转并移动矩形

4）选中其中一个矩形，在功能区"动画"选项卡的"高级动画"面板中单击"添加动画"按钮，接着从"动作路径"组中选中"直线"选项，如图 13-80 所示。

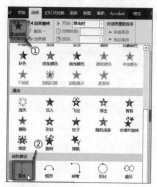

图 13-80　指定使用直线路径动画

5）将右上方的矩形添加一个从右到左的直线动画，如图 13-81 所示。

图 13-81　从右向左直线动画效果

6）用同样的方法将左下方矩形设置为从左向右的动画效果，如图 13-82 所示。

图 13-82　从左向右直线动画效果

7）在功能区"动画"选项卡的"高级动画"面板中单击"动画窗格"按钮🔆，弹出"动画窗格"对话框，单击动画 2 对应的下拉按钮，选择"从上一项开始"选项，如图 13-83 所示。完成此设置后，两个矩形的动画序号都为 1，也就是动画会同一时间进行。

图 13-83　从上一项开始

8）单击动画 1（矩形 3）的下拉按钮，选择"效果选项"选项，如图 13-84 所示。

图 13-84　效果选项

9）在弹出的"向下"对话框中切换至"计时"选项卡，将"期间"设置为"快速（1 秒）"后单击"确定"按钮，如图 13-85 所示。

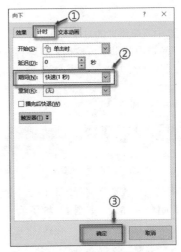

图 13-85　期间设置

10）以同样的方法对矩形 4 进行设置。

11）选中"矩形 3"和"矩形 4"，按住快捷键 Ctrl+Shift 后按住鼠标左键往下拖曳进行复制，如图 13-86 所示。

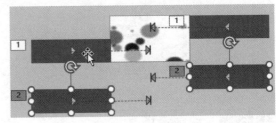

图 13-86　拖曳复制

12）然后选中"矩形 7"和"矩形 8"，在功能区"格式"选项卡的"形状样式"面板中单击"形状填充"按钮🎨及"形状轮廓"按钮✏️，将填充和轮廓设置为"浅绿"，如图 13-87 所示。

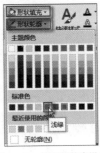

图 13-87　填充及轮廓设置

13）在"动画窗格"对话框中将动画 2 设置为"从上一项开始"，如图 13-88 所示。

图 13-88　动画 2 设置为"从上一项开始"

14）选择"矩形7"下的"效果选项"选项，在弹出的"向下"对话框的"计时"选项卡中将延迟设置为"0.15秒"，如图13-89所示。

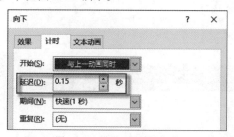

图13-89　设置"延迟"选项

15）同样将"矩形8"的动画设置0.15秒延迟，接着将矩形7和矩形8拖曳覆盖原来的矩形3和矩形4，如图13-90所示。

图13-90　拖曳覆盖

16）在功能区"动画"选项卡的"预览"面板中单击"预览"按钮★，如图13-91所示。

图13-91　动画预览

13.6.6　页面切换动画

在PPT中，每一个幻灯片的切换动画效果都能设置。页面切换动画的操作步骤如下。

1）首先选中需要设置切换动画的幻灯片，在功能区"切换"选项卡的"切换到此幻灯片"面板中单击下拉按钮▼，如图13-94所示。

图13-94　切换动画

2）在下拉列表中选择用户所需要的动画效果即可，如选择"百叶窗"选项，如图13-95所示。设置后幻灯片处便会预览该动画的切换效果，如图13-96所示。

每一张幻灯片的切换效果都可以由用户自行设置，如果要将一个效果应用到所有幻灯片中，则可以在功能区"切换"选项卡的"计时"面板中单击"应用到全部"按钮即可，如图13-97所示。

二重矩形的转场动画效果如图13-92所示。

图13-92　二重矩形转场效果

如果需要三重或者更多重，只需要重复该步骤，并将第三套矩形图的延迟改为"0.3秒"即可，三重矩形转场效果如图13-93所示。

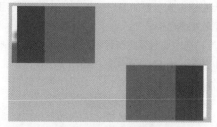

图13-93　三重转场效果

读书笔记

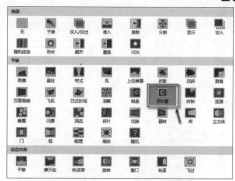

图13-95　选择动画

图13-96　切换效果

图 13-97 应用到全部

13.7 超链接的使用技巧

13.7.1 超链接的创建

在 PPT 的编辑过程中，往往需要跳转到外部文件进行配合演示才能达到更好的演示效果，用户可以使用超链接功能来打开外部文件。

1）首先选中要触发超链接的对象，右击并在弹出的快捷菜单中选择"超链接"命令，如图 13-98 所示，系统弹出"操作设置"对话框。

图 13-98 从快捷菜单中选择"超链接"命令

2）在"操作设置"对话框的"单击鼠标"选项卡中选中"超链接到"单选按钮，在其下拉列表框中选择"其他文件"选项，如图 13-99 所示。

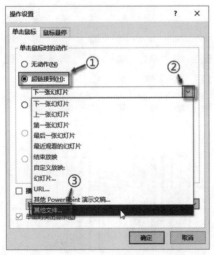

图 13-99 设置超链接

3）在弹出的"超链接到其他文件"对话框中选择所要链接的文件，然后单击"确定"按钮即可完成，如图 13-100 所示。

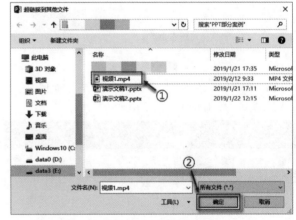

图 13-100 选择文件

4）在"操作设置"对话框中再次单击"确定"按钮便完成了超链接的设置，在幻灯片演示过程中单击超链接对象便会跳转到所链接的文件并打开。

13.7.2 超链接的编辑

可以按照以下步骤来编辑超链接。

1）在超链接对象处右击，接着在弹出的快捷菜单中选择"编辑链接"命令，如图 13-101 所示。

图 13-101 选择"编辑链接"命令

2）在弹出的"操作设置"对话框中进行相应的编辑操作。例如，选中"播放声音"复选框，并在其下拉列表框中选择"微风"选项，如图 13-102 所示。

图 13-102 播放声音设置

读书笔记

13.8 创建自定义放映

自定义放映是按用户自行指定幻灯片的顺序及次数来进行放映的功能，可以按照以下步骤来创建自定义放映。

1）首先在功能区"幻灯片放映"选项卡的"开始放映幻灯片"面板中单击"自定义幻灯片放映"按钮，接着在其下拉列表中选择"自定义放映"选项，如图 13-103 所示。

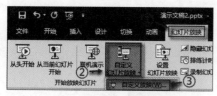

图 13-103 自定义放映

2）在弹出的"自定义放映"对话框中单击"新建"按钮，如图 13-104 所示。此时系统弹出"定义自定义放映"对话框。

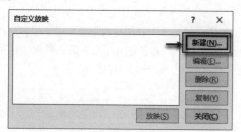

图 13-104 单击"新建"按钮

3）在"定义自定义放映"对话框的"在演示文稿中的幻灯片"列表框中选中所要添加的幻灯片后，单击"添加"

按钮，则所选的幻灯片被添加到"在自定义放映中的幻灯片"列表框中。如果需要重复添加，则再次在"在演示文稿中的幻灯片"列表框中选择此幻灯片并单击"添加"按钮即可，如图 13-105 所示。

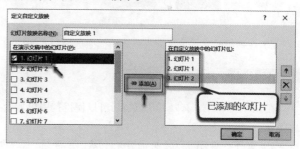

图 13-105 定义自定义放映设置

4）在"定义自定义放映"对话框中单击"确定"按钮，返回到"自定义放映"对话框，此时可以在"自定义放映"对话框的列表框中选择自定义放映对象，如选择"自定义放映 1"，单击"放映"按钮即可按照定义的顺序进行放映，如图 13-106 所示。

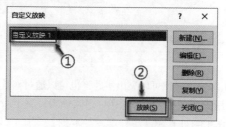

图 13-106 选择自定义放映对象

219

也可以在功能区"幻灯片放映"选项卡的"开始放映幻灯片"面板中单击"自定义幻灯片放映"按钮，然后在下拉列表中选择"自定义放映 1"进行快速放映，如图 13-107 所示。

图 13-107 快速放映

13.9 专家点拨

13.9.1 幻灯片之间的链接

在目录页的编辑中，往往需要进行幻灯片与目录选项之间的链接跳转，用户可以使用超链接来实现幻灯片之间的链接跳转。

1）选中需要触发链接跳转的对象，右击并从弹出的快捷菜单中选择"超链接"命令，如图 13-108 所示。

图 13-108 选择"超链接"

2）在弹出的"插入超链接"对话框中选择"本文档中的位置"选项，接着在"请选择文档中的位置"框中选择所要跳转的幻灯片，然后单击"确定"按钮即可完成设置，如图 13-109 所示。设置完成后，在幻灯片放映中单击该对象即可完成幻灯片的跳转。

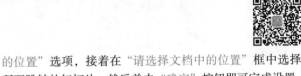
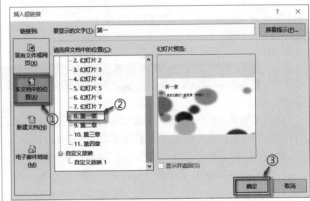

图 13-109 选择幻灯片

13.9.2 PPT 排版经验谈

在 PPT 排版中，有以下几点技巧可以使得排版更加合理美观。

1）对齐：对齐可以使页面有条不紊，干净统一，如图 13-110 所示。

图 13-110 对齐

2）对比：对比可以突出主题，也可以通过对比来凸显效果，用户可以在大小、颜色、形状或者位置上来进行对比，如图 13-111 所示。

图 13-111 对比

3）紧密：如果文字和图片的距离太远，很容易产生混淆，所以在排版中，文字与图片的关系需要更加紧密才能清晰地分辨出归属，如图 13-112 所示。

图 13-112 紧密

4）突破：熟悉了基本排版理论后，思维很容易受到限制，令排版显得规矩死板，因此在排版时，在保持合理的情况下可以让元素超出版面边框，如图13-113所示。

图 13-113　突破

5）适当留白：内容并不是在页面上安排得满满的才好，在页面上适当留白对美化页面是很有帮助的。

13.10 ▶ 自学拓展小技巧

13.10.1　音频渐强渐弱

设置音频渐强渐弱的效果可以起到很好的进场退场效果。对音频设置淡入淡出效果的方法很简单，先选中需要调整的音频，在功能区"播放"选项卡的"编辑"面板中调整"渐强"及"渐弱"的时间，如图13-114所示。

图 13-114　设置渐强、渐弱效果

根据自身需求调整时间即可完成设置。

13.10.2　图形形状合并

有时对图形形状进行合并可以获得不错的视觉效果。图形形状合并的步骤如下。

1）选择两个要合并的图形形状。

2）在功能区"格式"选项卡中单击相应的"合并形状"按钮，"合并形状"按钮包括"结合"按钮 🖿 、"组合"按钮 🖿 、"拆分"按钮 🖿 、"相交"按钮 🖿 和"剪除"按钮 🖿 。合并后的图形颜色是先选中的那个形状颜色。形状合并的示例如图13-115所示。

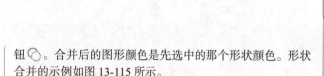

图 13-115　图形形状合并示例

第 **14** 章

PPT 的高效输出

◎ **本章导读：**

在商务办公中，PPT 的高效输出也是一项不容忽视的工作。本章重点介绍 PPT 高效输出的相关知识，包括 PPT 幻灯片的放映技巧、PPT 幻灯片的输出技巧，以及演示文稿的打包与打印等。

14.1 PPT 幻灯片的放映技巧

在幻灯片放映过程中，有很多技巧可以帮助用户进行更好、更快地演示。

1. 快速跳转

在演示过程中，先按键盘上的数字键然后按 Enter 键便按可快速跳转到该编号的幻灯片上，例如，需要跳转到第 3 张幻灯片，按键盘数字键 "3" 然后按 Enter 键即可直接跳转。

2. 放映快捷键

在幻灯片放映过程中，有几个快捷键可以帮助用户更好地演示，如表 14-1 所示。

表 14–1 与放映相关的常用快捷键

序 号	快 捷 键	功 能
1	B 键	使屏幕全黑
2	W 键	使屏幕全白
3	P 键	向前翻页
4	N 键	向后翻页
5	G 键	查看所有幻灯片

3. 排练计时

如果用户需要幻灯片按照设定的时间自动放映，则可以使用 "排练计时" 功能进行设置，操作方法如下。

1）在功能区 "幻灯片放映" 选项卡的 "设置" 面板中单击 "排练计时" 按钮，如图 14-1 所示。

图 14-1 排练计时

2）进入幻灯片放映状态，并在左上角显示一个 "录制" 对话框，如图 14-2 所示。

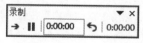

图 14-2 "录制" 对话框

3）用户通过对话框中的时间来确定每一页幻灯片的播放时间，单击鼠标跳转到下一张幻灯片后会重新显示该幻灯片的时间，录制完成后 PPT 会弹出一个 Microsoft PowerPoint 对话框来提示用户需要的总时长，如图 14-3 所示，单击 "确定" 按钮即可完成。

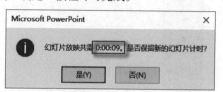

图 14-3 时长确认

4）设置完成后，在功能区 "幻灯片放映" 选项卡的 "设置" 面板中选中 "使用计时" 复选框，再次放映幻灯片便会根据用户所设置的时间来自动放映，如图 14-4 所示。

图 14-4 使用计时

5）如果想要查看每张幻灯片所设置的播放时间，可以在功能区 "视图" 选项卡的 "演示文稿视图" 面板中单击 "幻灯片浏览" 按钮，即可浏览各个幻灯片的播放时间，如图 14-5 所示。

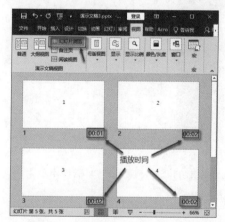

图 14-5 浏览幻灯片各幻灯片播放时间

14.2 PPT 幻灯片的输出

PPT 幻灯片编辑完成后，可以导出为 PDF 文件、视频、CD 或讲义等文件类型。

这里以导出 PDF 文件为例进行介绍。

在功能区单击 "文件" 选项卡，接着选择 "导出" 选

223

项，并在右侧"导出"选项组中选择"创建 Adobe PDF"选项，然后单击"创建 Adobe PDF"按钮，如图 14-6 所示。系统弹出"另存 Adobe PDF 文件为"对话框，在该对话框中选择保存位置并编辑文件名后单击"保存"按钮即可完成导出，如图 14-7 所示。

图 14-6 创建 PDF

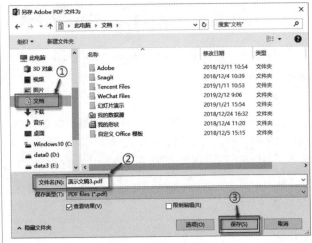

图 14-7 保存 PDF 文件

14.3 演示文稿的打包与打印

14.3.1 演示文稿的打包

由于 PPT 文档中涉及链接及字体设置，直接复制往往会出现部分文件丢失的情况，这时候用户可以使用打包功能。

1）首先单击功能区的"文件"选项卡，选择"导出"选项，在右侧单击"将演示文稿打包成 CD"选项，最后单击"打包成 CD"按钮，如图 14-8 所示。

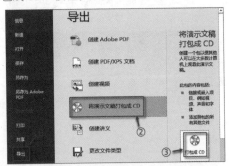

图 14-8 演示文稿打包成 CD

2）在弹出的"打包成 CD"对话框中单击"选项"按钮，如图 14-9 所示。

图 14-9 设置选项

3）在弹出的"选项"对话框中可以对演示文稿进行密码保护设置，在"增强安全性和隐私保护"选项组中输入"打开每个演示文稿时所用密码"和"修改每个演示文稿时所用密码"的值，然后单击"确定"按钮，如图 14-10 所示。

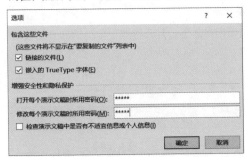

图 14-10 设置密码

4）在弹出的"确认密码"对话框中重新输入打开权限密码，如图 14-11 所示，单击"确定"按钮；接着在弹出的第二个"确认密码"对话框中重新输入修改权限密码，如图 14-12 所示，然后单击"确定"按钮。系统返回到"打包成 CD"对话框。

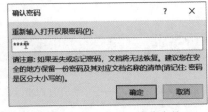

图 14-11 重新输入打开权限密码

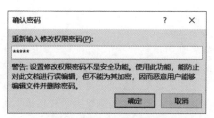

图 14-12　重新输入修改权限密码

5）在"打包成 CD"对话框中单击"复制到文件夹"按钮，系统弹出"复制到文件夹"对话框，再在"复制到文件夹"对话框中单击"浏览"按钮，如图 14-13 所示。系统弹出"选择位置"对话框。

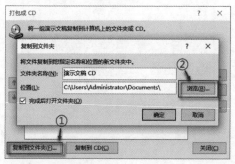

图 14-13　打包复制

6）在"选择位置"对话框中选择所要保存的位置后单击"选择"按钮，如图 14-14 所示。

图 14-14　选择位置

7）返回"复制到文件夹"对话框，单击"确定"按钮，在弹出的 Microsoft PowerPoint 对话框中单击"是"按钮，如图 14-15 所示。

复制完成后，系统会自动打开该文件夹，如图 14-16 所示。

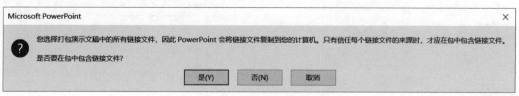

图 14-15　确认包含链接文件

图 14-16　打开文件夹

14.3.2　演示文稿的打印设置与打印实施

在文稿打印过程中，首先要设置每张幻灯片的大小，操作步骤如下。

1）在功能区"设计"选项卡的"自定义"面板中单击"幻灯片大小"按钮□，接着在下拉列表中选择"自定义幻灯片大小"选项，如图 14-17 所示，系统弹出"幻灯片大小"对话框。

2）在"幻灯片大小"对话框的"幻灯片大小"下拉列表框中选择"A4 纸张（210×297 毫米）"选项，幻灯片编号起始值为"1"，在"幻灯片"选项组中选中"横向"单选按钮，如图 14-18 所示，最后单击"确定"按钮。

读书笔记

225

图 14-17　自定义幻灯片大小

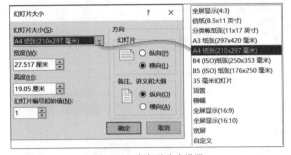

图 14-18　幻灯片大小设置

3）在弹出的 Microsoft PowerPoint 对话框中单击"确保适合"按钮，如图 14-19 所示。

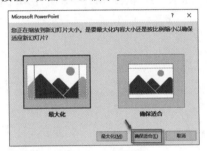

图 14-19　确保适合

4）设置好幻灯片纸张大小之后，在功能区"文件"选项卡下选择"打印"选项，接着设置好份数及颜色等选项后单击"打印"按钮 🖶 即可完成打印，如图 14-20 所示。在单击"打印"按钮 🖶 之前，还可以编辑页眉和页脚。

图 14-20　打印设置

> **注　意**
>
> 　　在改变页面纸张大小之后，原先设定好的主题及颜色方案会被系统默认方案覆盖，所以在调整纸张大小之前可以先将方案及颜色设置进行保存，在功能区"设计"选项卡的"主题"面板中单击下拉按钮，在下拉列表中选择"保存当前主题"选项，如图 14-21 所示。随后在弹出的对话框中选择主题保存位置后单击"保存"按钮即可，如图 14-22 所示。

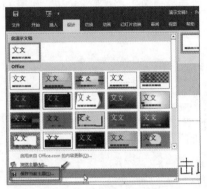

图 14-21　保存当前主题

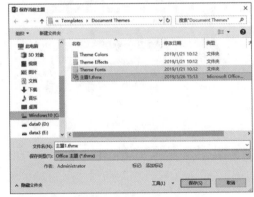

图 14-22　选择主题保存位置

保存完后便可以在下拉列表中找到已保存的主题方案，如图 14-23 所示。

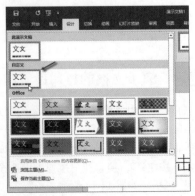

图 14-23　已保存的主题方案

关于颜色方案的保存，则可以按照以下步骤来进行。

1）在"设计"选项卡的"变体"面板中单击下拉按钮，在其下拉列表中选择"颜色"|"自定义颜色"选项，如图 14-24 所示，系统弹出"新建主题颜色"对话框。

图 14-24　保存颜色方案

2）在"新建主题颜色"对话框的"名称"文本框中输入新主题颜色的名称，如图 14-25 所示，然后单击"保存"按钮即可。

图 14-25　设置主题颜色名称

保存完成后便可在"颜色"下拉列表中找到已保存的颜色方案，如图 14-26 所示。

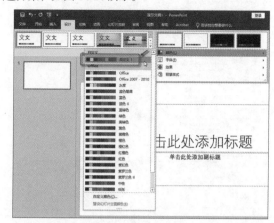

图 14-26　找到已保存的颜色方案

读书笔记

14.4 ▶ 专家点拨

14.4.1 演示文稿的网络应用

在 PowerPoint 2019 中，用户可以将演示文稿直接另存为 XML 格式，然后将其发布到网上。

1）在功能区"文件"选项卡中选择"另存为"选项，接着单击"浏览"按钮，如图 14-27 所示。

2）在弹出的"另存为"对话框的"保存类型"下拉列表框中选择"PowerPoint XML 演示文稿（*.xml）"类型，并指定文件名，如图 14-28 所示，然后单击"保存"按钮即可完成 XML 文件的保存。

图 14-27　另存为

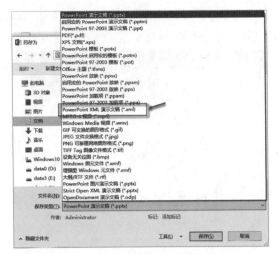

图 14-28　保存 XML 文件

保存的网页文件如图 14-29 所示。

图 14-29　网页文件

读书笔记

14.4.2　压缩图片

如果觉得 PPT 文稿过大，可以通过压缩所插入的图片来减小文件大小。首先选中要压缩的图片，接着在功能区"格式"选项卡的"调整"面板中单击"压缩图片"按钮，如图 14-30 所示，系统弹出"压缩图片"对话框。在"压缩图片"对话框中选中"仅应用于此图片"复选框和"删除图片的剪裁区域"复选框，选中"使用默认分辨率"单选按钮，如图 14-31 所示，然后单击"确定"按钮即可。

图 14-30　"压缩图片"按钮

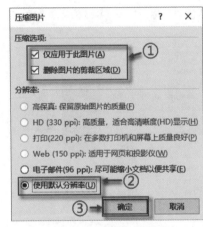

图 14-31　"压缩图片"设置

14.5　自学拓展小技巧

14.5.1　内容放大

在放映过程中，可能会出现某些图文过小导致看不清楚的情况，这个时候便可以使用放大功能来放大局部的图文信息，在幻灯片上右击，接着从弹出的快捷菜单中选择"放大"命令，如图 14-32 所示。随后鼠标会变成一个带框的放大镜样式，如图 14-33 所示。将放大框移至需要放大的内容处，单击即可放大该处内容，按住鼠标左键拖曳可以移动放大的位置。

图 14-32　"放大"命令

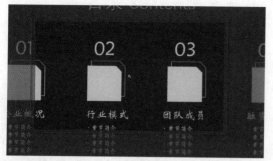

图 14-33　光标处出现带框的放大镜样式

14.5.2　快速定位幻灯片

在对 PPT 进行播放时，如果要快进或退回到指定幻灯片，那么可以直接按下对应的数字键并按 Enter 键。

如果要从任意位置返回到首张幻灯片，那么可以同时按下鼠标左右键并停留 2 秒钟以上。

第15章

PPT 综合案例讲解
——商业策划书 PPT 设计

◎ **本章导读：**

本章重点讲解典型的商业 PPT 综合案例，目标是引导读者掌握创建商业 PPT 的一般方法和步骤。

15.1 ▶ 案例分析

商业策划书大致分为 4 部分：介绍企业概况、分析行业模式、概述团队及综述融资需求。由于是商业类 PPT，所以可以根据公司情况来确定其风格特点。本案例采用比较简单的风格，大致分为封面、目录、正文和封底 4 部分。

15.2 ▶ 设计幻灯片过程

1）首先创建一个空白的 PPT 文档，在功能区"视图"选项卡的"母版视图"面板中单击"幻灯片母版"按钮进入幻灯片母版编辑模式，接着单击"背景样式"按钮并在打开的下拉列表中选择"样式 8"选项，如图 15-1 所示。

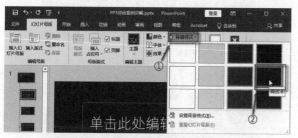

图 15-1 设置背景样式

2）选择"标题和内容"版式，将幻灯片中的占位符删除，接着在功能区"插入"选项卡的"插图"面板中单击"形状"按钮，接着从"形状"下拉列表中选择"等腰三角形"选项，如图 15-2 所示。

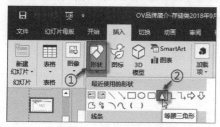

图 15-2 插入等腰三角形

3）插入 3 个等腰三角形后，在功能区"格式"选项卡的"形状样式"面板中单击"形状填充"按钮，并选择"金色，个性色 4，淡色 40%"，如图 15-3 所示。

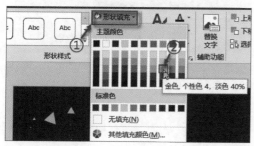

图 15-3 形状颜色填充

4）调整好位置后插入矩形，填充为"金色"，轮廓设置为"无轮廓"，效果如图 15-4 所示。

图 15-4 插入矩形摆放效果

5）在该版式右击，接着从弹出的快捷菜单中选择"重命名版式"命令，如图 15-5 所示。可以将该版式命名为"正文版式"，如图 15-6 所示。

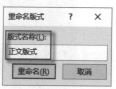

图 15-5 选择"重命名版式"选项　图 15-6 "重命名版式"对话框

6）退出母版视图，将幻灯片 1 的版式更换为"空白"版式，如图 15-7 所示。

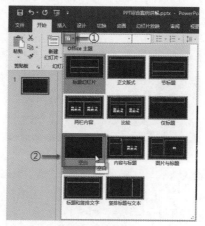

图 15-7 切换版式

7）插入一个矩形，将其填充为"金色"，轮廓设置为"无轮廓"，形状效果设置为"发光11磅 金色""透视：左"，效果如图15-8所示。

图15-8　插入矩形并设置形状效果

8）插入文本框并填写文本内容，将标题格式快速样式设置为"映像"，接着分别将文本填充为"金色""深灰色"，字体为"华文新魏"，字号为"40"，效果如图15-9所示。

图15-9　插入文字

9）再插入直线进行点缀，填充为"金色"即可，如图15-10所示。

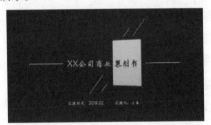

图15-10　插入直线

10）在功能区"开始"选项卡的"幻灯片"面板中单击"新建幻灯片"按钮，插入直线及文本"目录Contents"，如图15-11所示。

图15-11　目录页

11）插入两个"矩形：剪去单角"，第一个填充为"金色"，轮廓为"无轮廓"。第二个填充为"无填充"，轮廓为"金色"，并将其组合后复制，如图15-12所示。

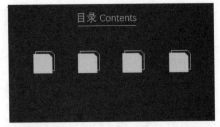

图15-12　插入图形

12）插入序号及文字说明，如图15-13所示。

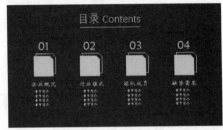

图15-13　插入序号及文字说明

13）再次新建幻灯片，将幻灯片版式更换为"正文版式"，接着在标题处输入正文标题，如图15-14所示。

图15-14　输入正文标题

14）在功能区"插入"选项卡的"图像"面板中单击"联机图片"按钮，接着在搜索栏中输入"商务"后选择合适的图片插入，如图15-15所示。

图15-15　联机图片

15）插入文本框输入介绍文字，如图15-16所示。

16）再次新建幻灯片，接着插入图表表格和文本框，如图15-17所示。

图 15-16　插入文本框输入介绍文字

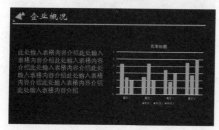

图 15-17　插入图表和文本框

17）重新新建幻灯片并更换版式为"正文版式"，插入文本框输入标题，如图 15-18 所示。

图 15-18　新建"正式版式"幻灯片

18）插入"矩形：对角圆角""矩形"，如图 15-19 所示。

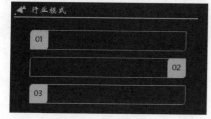

图 15-19　插入形状

19）重新新建幻灯片，插入图表"三维饼图"，然后将图例标题删除，将图表边框填充为"无框线"，并插入文本框以供文本输入，如图 15-20 所示。

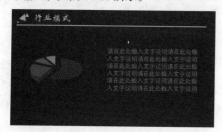

图 15-20　插入图表

20）重新新建幻灯片，输入标题并插入"SmartArt"

图形，然后将填充和边框设置为"金色"，如图 15-21 所示。

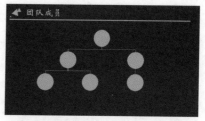

图 15-21　插入"Smart Art"图形

21）重新新建幻灯片，插入成员图片，再选中该图片，在功能区"格式"选项卡的"大小"面板中单击"裁剪"下拉按钮，接着选择"裁剪为形状"|"椭圆"选项，如图 15-22 所示。

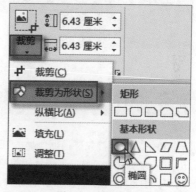

图 15-22　裁剪形状

22）以此类推将成员图片依次插入并处理，如图 15-23 所示。

图 15-23　插入成员图片

23）重新新建幻灯片并输入标题"融资需求"，接着插入图表"圆环图"并插入文本框以供文字说明，如图 15-24 所示。

图 15-24　插入"融资需求"图表

24）插入一个空白版式的幻灯片进行封底页设计，为了统一，可以将封面页的部分元素复制粘贴过来，并适当调整位置，如图 15-25 所示。

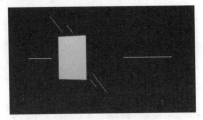

图 15-25　复制粘贴

25）插入文字致谢即可完成封底页设计，如图 15-26 所示。

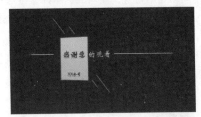

图 15-26　封底页

一份简单的商务策划书 PPT 版式就完成了，幻灯片浏览如图 15-27 所示。

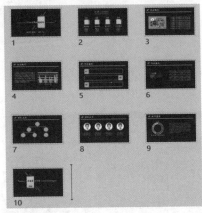

图 15-27　幻灯片浏览

15.3　案例总结

1）在制作 PPT 之前，首先要根据所做的 PPT 类型确定好风格，比如，商务的 PPT 可以采用比较简洁的黑金配色方案进行制作，确定好风格后才方便用户进行下一步的拓展制作。至于采用什么风格是一个很讲究的学问，每个人都有个性也有想法。

2）采用母版设计可以在很大程度上减少工作量，合理使用母版对工作效率的提升有着很重要的作用。

3）在排版过程中，对齐、对比及突破的合理搭配，可以使 PPT 简洁明了，既能凸显主题，又不会显得特别繁杂。

4）围绕主题，主题是整个 PPT 的灵魂，只要主题把握好了，PPT 的效果就不会有太大的偏差。

15.4　商业计划书 PPT 案例欣赏

下面以图例形式展示一份商业计划书 PPT 效果，如图 15-28 所示，该商业计划书里的团队成员和相关产品介绍可以由读者根据风格色调来添加。

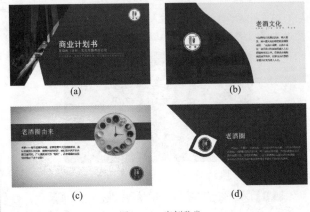

图 15-28　案例欣赏

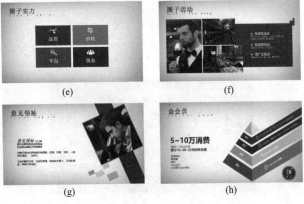

图 15-28　（续）

(i)

(j)

(k)

(l)

图 15-28 （续）

读书笔记